新書

竹内久美子
TAKEUCHI Kumiko

女は男の指を見る

358

新潮社

61ページのイラスト　Masashi Kimura

はじめに

長い薬指　敏腕トレーダーの証し？　英大チーム「収益差、年7800万円」

証券の売買をするトレーダーは、薬指が長い人の方が向いているらしいことが、英ケンブリッジ大の調査でわかった。ロンドンの金融街シティーで短期取引を専門とする男性トレーダー44人を調べた。（中略）薬指が相対的に長いグループ（人さし指が薬指の93％の長さ）と短いグループ（同99％）の収益の差は1人当たり年60万ポンド（約7800万円）以上になったという。（「朝日新聞」二〇〇九年一月十五日）

これを読んであなたは、ページをめくろうとしている指を伸ばし、マジマジと眺めておられるかもしれません。

「おお、人差し指に比べて、薬指が結構長いじゃないか！」

しかし、これで終わらせないで下さい。

指の長さを計測する場合、手の甲でなく掌《てのひら》の側を測ります。右手の掌と指の境目にある皺《しわ》の真ん中から指の先まで。薬指では皺は二本ありますが、掌に近い方です（ちなみに掌側を眺めると、手の甲の側を見ていた方にとっては、さっきはあんなに長いと思われた薬指が、何だか短くなったような印象があるかもしれません）。測定に使うのは、正式には精密機器のデジタルカリパスですが、なければ定規などでも構いません。要は、人差し指の長さを薬指の長さで割るのです。

なぜこんな些細《ささい》なことに、学者たちが真剣に取り組んでいるのか？　なぜ指の比の違いがお金もうけの能力と関係している、なんて思ったのか？　薬指ということにどんな意味があるのか？　人間には体だけでなく、頭や心の働きだってあるのに、何で指なのか？　しかしまあ、七八〇〇万円とは聞き捨てならないな……次から次へと疑問が湧いてきます。

でも、この研究は単なる遊びでも、思いつきでもありません。その背景には動物行動学を中心とした、幅広い学問分野の多くの成果が控えているのです。

もしかしてお聞きになったことがあるかもしれません。人差し指に対する薬指の相対的な長さは、男性ホルモンの代表である、テストステロンのレヴェルに密接に関連している……。

男の赤ちゃんはまだお母さんのお腹にいるときに、自分の睾丸からテストステロンを放出して自身の体内を巡らせます。こうして男としての体の原型をつくっていくのですが（女の場合にはわざわざ女の体にしなくてもよい。胎児は基本は女の形をしていて、放っておけば女になるところを、男の場合にはわざわざ男の体に変えなければいけないのです）、このテストステロンのレヴェルが高いと、薬指が人差し指に対して、より長くなる傾向がある。

テストステロンは長じては男としての様々な体の特徴や、音楽やスポーツの才能、能力、精神面では自信や集中力、ねばり強さやリスクを好む性質などに影響を与えることがわかっています。冒頭の新聞記事は、実のところこの研究分野の最新の報告というわけなのです。男性ホルモンは男しか持っていない、女性ホルモンは女しか持っていないわけではなく、男女どちらも両ホルモンを持っていますが、この研究は男のみを対象としています。
もっとも、薬指と人差し指の長さを測ってみてがっかりしたとしても、あまり気にする必要はありません。テストステロンはこの本で紹介する要素の一つにすぎないのだから。

それと……ここで一つ、ぜひ皆さんに試していただきたいことがあります。手の指をすべて広げて「パー」の状態にして下さい。続いて中指と薬指を折る……そう、いわゆる「うぃっしゅ」ポーズです。これは誰でも簡単にできるはずです。そしてもう一度「パー」の状態にして今度は中指と小指を折ってみて下さい。

どうですか？　きつくありませんか。特に薬指がどうしても曲がってしまう。この、薬指が言うことを聞いてくれなくて動かしにくいという事実を頭の片隅に置いておいて下さいね。

この本は、自分の遺伝子のコピーをいかに残すかを根本にすえる動物行動学――その考え方と成果を整理し、最新情報も盛り込んでお届けしようとまとめたものです。動物行動学は最近雑誌などで目にする、「表情から相手を読む術」であるとか、「合コンテクニック」などという記事にまで実はまぎれこんでいます。さらには、学術書ではなかなか踏み込めない、「ここまでは言える」「こう考えれば説明がつくのではないか」といった私なりの考えももちろんお伝えします。

人間はどれほど他の動物と違うのか。いかに、自分の「遺伝子のコピーを残す」という課題のために自身の〝意思〟ではないものに動かされているか。このメカニズムを探っていけば、自分と周囲の人間たちの姿と行動が、時には大きく胸を揺さぶり、時には哀れで滑稽にさえ思えてくるはずです。

まずは人間が「発明」した、人間ならではの繁殖戦略からお話ししましょう。

女は男の指を見る●目次

第1章

人類最大の発明と繁殖の掟《おきて》

わからなくなった排卵

人間の女は、自分の排卵がいつか、はっきりとはわかりません。月に一度、左右の卵巣のどちらかから、たいていは一つの卵《らん》が出て、輸卵管に入る。ここで精子と出会えば受精が成立するわけですが、もし輸卵管の奥の方で受精が起きず、そのまま下って行ったなら、その卵に関してはもう受精はかなわない。受精しないとしたら、この間がたった二四時間。子孫を残すうえでこんなにも大事なことを、当の本人さえ自覚することができないのです。

もちろん今の時代、我々には月経周期についての知識があり、毎朝基礎体温を測ってグラフにし、排卵を予測するという方法があります。また排卵痛といって、ちょっと下腹部が痛いのでわかるという人が稀《まれ》にいますが、人間の女、本来の状態ではどうかと言うと、やはりはっきりとはわからない。実に不可思議な現象なのです。なぜ我々の体はこんなふうに進化してきたのか。実を言えば、他の霊長類のメスは普通いつ排卵するのか、自分でちゃんとわかっているのです。

霊長類のお尻を思い浮かべてみてください。たとえばチンパンジーのメスは、発情すると性皮という部分が赤みを増して、風船みたいに膨らんでいく。こういう状態が十日間ほど続き、最終日がそのピークです。排卵は最終日に起きる。彼女たちがその間、何をしているかと言えば、何頭ものオスと何十回、何百回と交尾している。自分がやるべきことを知り、明らかなサインによってオスたちにもそれを知らせるというわけです。こういうふうに乱婚的で、かつメスがお尻の性皮の状態で発情を知らせる仲間にはブタオザル、サバンナヒヒ、アカコロブスなどがいます。

お尻が赤くならず、膨らみもしない霊長類もいます。オランウータン、ハヌマンラングール、タマリン、クモザル。でも、このグループもメスは自分では確実に排卵に気づいています。オランウータンは普段、単独生活を送っていて、メスはオスに対して全くサインを出しませんが、排卵の頃になると自分でオスのもとに出掛けていく。自分でよくわかっているのです。彼女たちはおそらく、発情を示す匂いも発しているはずです。

人間の女だけが、排卵を男に知らせないうえ、自分自身でもよくわかっていない――。

何人もの研究者がこの謎に取り組んでいるのですが、私が、自分自身の考え以外で一番しっくりいく仮説は、カナダ、マギル大学のナンシー・バーリーという女性動物行動学者のものです。彼女は元々、キンカチョウという鳥のオスのモテ方について研究していて、赤やオレンジの足環をつけた連中がモテモテの一方で、青や緑の足環の連中はさっぱりモテないことがわかった。実は赤というのはオスのクチバシの色で、本来クチバシのより赤いオスがモテる。メスはクチバシではなく、足環の色にまどわされてしまったというわけです。彼女が発表したのはこんな説です。

もし、自分の排卵をはっきり自覚できる女がいたとする。彼女はどんな行動をとるだろうか。それは密《ひそ》かにバース・コントロールをすることではないのか。女は太古の昔から、自分の命にさえ関わりかねない妊娠・出産を、ダンナや姑などからの圧力によって自分が望む以上に経験してきた。でも、受胎の可能性が高い日がわかれば、その日には夫の要求をやんわり断るようになり、産みたい程度の子の数に留めるだろう。

しかし、こういうことが何世代にもわたって繰り返されるとなると、排卵が自覚できる女よりも、できない女の方がよく子を残すことになる（なぜなら彼女はバース・コントロールできないのだから）。こうしてたまに排卵が自覚できる女が現れたとしても多数派になれない。女全体としては排卵がわからない方へと進化してきたのだ——。

いつも膨らんでいるおっぱい！

もう一つ、人間の女について不思議なのはおっぱいです。普通、ほ乳類のおっぱいは、授乳する必要があるときにだけちょっと膨らんで、そうでないときは縮んでいます。ところが、皆さんご存じの通り、人間の女のおっぱいはいつも膨らんでいる。これもまた人間に特有の現象です。

イギリスの動物行動学者、デズモンド・モリスによると、胸のふくらみは「いつでも発情していますよ」という信号だという。先ほどのチンパンジーの性皮のような信号が、直立歩行や対面交尾をするようになったおかげで身体の前面に移った。それが人間のおっぱいであり、いつも発情しています、つまりいつでもセックスができますよ、というサインというわけです。実際、女は、月経周期のうちで妊娠の可能性のほとんどない時期にも交尾でき、逆にそれを利用して避妊するくらいです。他のほ乳類はそうはいかない。発情していないと交尾は普通できないし、しても意味がない。でも人間は、妊娠を目的としないセックスもする。そのために発情しっぱなしになっているのです。

この妊娠を目的としないセックスという件について、モリスはこんな説明をしました。

「性は男と女の絆《きずな》を強めるために用いられている」

夫が狩りに出かけ、獲物を手に妻と子どものもとに戻ってくるという初期の人類の生活の中で、夫婦の関係を長続きさせるためには、お互いの精神的絆を強化する必要があった。夫が帰ってきたときに、妻が発情している時がある一方で、中性的な生き物としてふるまう時があるとすれば、最悪の場合、夫は他の女を探しに行ってしまうかもしれない。妻は夫を引き止めておくために、常に発情している必要があった、と。

この、世の男たちが何だか大喜びしそうな解釈に、私は少し不満を感じてしまいます。女がそう易々と男に都合を合わせて自分たちの生理的機能を進化させてやるものだろうか。もっと奥深い、やむにやまれぬ理由があるに違いない。

夫が狩りに出かけている最中、妻と子どものもとに見知らぬ男がやってきて彼女に迫るという事態が起きたとします。今、彼女は乳飲み子を抱えているために排卵は起きず、発情していないとする。実は、子がおっぱいを頻繁に吸っていると、その刺激によってプロラクチンというホルモンが分泌されて排卵が起こらない。発情もしないのです。この生理的性質はほ乳類に共通しています。逆に、授乳を止めれば発情と排卵が再開されることになる。見知らぬ男は、ここであきらめて去るでしょうか。

この場合、男は乳飲み子を殺すという強硬手段に訴え、彼女を再び発情させ、自身の子を残すという目的を遂げるであろうことが考えられます。

何たることか！　とお思いでしょうが、後で説明するように、これは「子殺し」と言われる行動で、自分の子を残すためのオスのれっきとした繁殖戦略です。

ところが実際には、乳飲み子がいたとしても男を受け入れられるというのが、人間の女の抜きん出たところで、ほ乳類で他に類を見ないと言える。それは他でもない、子を殺されるのを防ぐために進化させた生理状態ではないかと思うのです。男は、女の膨らんだおっぱいから〝発情〟していると解釈し、子を殺す必要はないと判断する。また実際に女は男を受け入れられるわけだから、男にとっては子を殺す理由はどこにもなくなってしまうのです。

しかし、男を受け入れるのはいいとして、その男の子どもを身ごもってしまってはまずいという問題がある。でも、大丈夫。ちゃんと授乳はしているのだから排卵は抑制されている。この点は、ほ乳類のメスの原則通りです。

人間の女はいったいいつ頃からなのかわかりませんが、授乳の期間中に発情してセックスができても、排卵は抑えられるというトリックまがいの生理的機能を獲得してしまったのです。男を惹きつけ、なおかつ受け入れていることができるというのに妊娠しない——そういう摩訶不思議な態勢を編み出したのが、人間の女。ほ乳類のメスとして最大の発明を成し遂げたと言えるでしょう。ちなみに初期人類が行なっていた狩猟採集生活を続けていると考えられる、アフリカのカラハリ砂漠のクン・サン族では、赤ん坊に頻繁に長く授乳し続ける。そのため子は四年くらいおいて生まれてきます（赤ちゃんに母乳をあげているのに次の子ができるというケースがありますが、それは離乳食を早くから与えたり、頻繁にお乳をあげていない場合です。市販の赤ちゃん用ミルクを併用していたり、授乳の間隔が空いてもそういうことがあり得ます）。

さらに不思議なことには、女のおっぱいは肝心の排卵期でなく、既に排卵してしまった月経の前にわずかに膨らむ。最も子ができない時期なのに、一層男を惹きつけようとする。人間の女の性的活動には、生殖とは別の、今言ったような子殺し防止策ともまた別の何らかの意図があると考えられます。それが何かはまだ、わかっていません。

最大で独特のペニス

では、対する人間の男で何か、これぞ進化の賜物《たまもの》とでも言えるものはあるでしょうか？

ありますゴリラやチンパンジーなどを抑えた堂々の一位の記録。それは霊長類界全体を見渡してみても最大のもの。ペニスです。

他の動物と比べると、人間のペニスはとても変わっています。ある種のキノコのような形で、先端の皮膚は特別柔らかくてスムーズ、どんな動きにも対応できる余裕を持っている。そして全体は、日本刀のような反りを帯びていて、長さも太さもある。

ゴリラは体は大きいのに、ペニスはわずか三センチ（膨張時。以下の数値も同じ）。

チンパンジーはやや長くて八センチ。

人間はというと、人種別の詳しいデータがあります。これはペニスサイズについての初めての報告で、研究をしたのは十九世紀のフランスの軍医というだけで名前は伏せられています。当時としてはあまりにもセンセーショナルだったからでしょう。

《人種ごとのペニスサイズ》（単位・センチメートル）

	（長さ）	（幅）
ニグロイド《アフリカ人》	15・9〜20・3	5・1
コーカソイド《ヨーロッパ人》	14・0〜15・2	3・8
モンゴロイド《アジア人》	10・2〜14・0	3・2

（「ジャーナル・オブ・リサーチ・イン・パーソナリティ」二一巻、五二九—五五一ページ、一九八七年より。インチをセンチに換算。この論文の著者が、某軍医氏のデータを引用している）

もちろん、ペニスの発達についてはこれまでも熱い議論が戦わされてきました。順を追って紹介すると、まず大きなペニスほど女に快感を与える。だから女はそういう男を好み、選ぶのでペニスは大きくなった。これが先程も登場したモリス説。彼らしいとても楽観的な発想です。

次に、長いペニスほど様々な体位を可能にするので女は喜ぶ。よって長くなるよう進化してきたという説。

あるいは、大きいペニスは他の男を威嚇する。女のガードにも役立つ。女を惹きつける。よって……という説。これらが一九六〇年代に提出されました。でも残念ながら、今日の観点からするとどれも的外れだと言わざるをえない。女が「喜ぶ」くらいのことが原因となってこれほどの遺伝的特徴が進化してくるとは考えられないし、女は男のペニスに特別大きな関心があり、なおかつペニスによって満足を得るのだという大変な誤解に基づいています。

一九八〇年代になると、R・L・スミスという昆虫学者が新説を発表しました。長いペニスほど、精子をびゅっと膣の奥まで飛ばすことができる。他の男との精子競争に勝って、自分の遺伝子をよく残すことができるというものです。精子競争というのは、現代社会に生きる人間、特に多くの男は自分にはあまり関係ないと思い込んでいるかもしれませんが、実は知らぬは男ばかりなり、みたいな状況になっている。精子競争は、メスが短期間に複数のオスを相手にし、一つの卵《らん》の受精を巡ってそれらのオス（男）の精子が争う状況を指します。そういう競争を通じてより長いペニスが進化してきた。

これは大きな前進です。やっと進化論らしい議論になってきた。ただ、この場合、なぜこんなにも太くなったかが説明されません。

そこで登場するのが、イギリス、マンチェスター大学のロビン・ベイカーとマーク・ベリスです。彼らは大変な異端児で、性についての前代未聞の大調査をやってのけています。何しろ実生活上のカップルのセックスの際の精液をコンドームに回収させ、放出された精子の数を数えるとか、フローバックと言って、コンドームなしのセックスの後、数十分たったとき女の体から排出される、精液を含む体液まで回収しているのです（詳しくは拙著『あなたの知らない精子競争――BCな世界へようこそ』文春文庫参照）。でもさすがにこのぶっ飛びぶりにはついて行けなかったり、嫌悪感を示す人がいて、欧米の学会で袋叩きにあっている。ただ日本と違うのは、イギリスなんかでは主にキリスト教の思想を背景にカンカンに怒る人たちもいれば、独創的な研究には大拍手を送る人もいるということです。ベイカーは後に、続々と変てこな説、我田引水、牽強付会《けんきょうふかい》的な説を発表してさらに物議をかもすのですが、この仮説については誰が何と言おうと正しい。変な先入観の持ち主でない限り、大納得の仮説です。

それが一九九五年に発表した「サクション・ピストン仮説」。

サクションとは吸引、ピストンとはもちろんあのピストンです。

とはいえこの仮説はいきなり現れたわけではなく、ちゃんと理論的なステップを経ています。カワトンボというイトトンボに近いトンボのペニスは、先がかぎ状になっています。オスは、精包と呼ばれる精子の入ったカプセルをメスの体に送り込むのですが、その前にまずメスの体内に既に入っている別のオスの精包を掻《か》き出してしまうのです。もちろん、自分の精子で確実に受精させるためで、この驚くべき巧妙な仕掛けについては、顕微鏡写真で確認されています。

「サクション・ピストン」仮説

こうした背景からベイカーとベリスは、人間のペニスの先に返しがあるのも、同じ目的があってのことではないかと思いついた。前に射精した男の精子を掻き出す——。この説によるとさらに、なぜペニスが太くなったかの説明もつきます。

女の生殖器から先に入った精子を掻き出すわけだから、膣によりぴったりとフィットしなければならない。そういうことに優れている男ほど、他の男の精子をよく掻き出し、自分の精子で置き換え、卵を自分の精子でよく受精させる。つまりは自分の遺伝子をよく残すわけだから、そういう形質も次代によく伝わる。そしてまたそれよりも、もっと太く長く、返しもよくついたペニスが、遺伝子に突然変異が起きることで現れ……という過程が繰り返され、男のペニスは今日、あのような立派な形にまで進化したのだというのです。

この説によれば、人間が射精までになぜ何十回、何百回もスラストしなければならないかということも説明されます。しっかり「掻き出す」のにはそれくらいの回数が必要なのです。

チンパンジーはスラストが数回から十数回で時間にして七、八秒。ゴリラの交尾時間は一分から一分半。オランウータンになると、数分から二十分とかなり長くなります。

類人猿のペニスについては、オランウータンやゴリラには返しがあるものの、人間ほどはっきりしていません。チンパンジーのペニスは先端ほど細くなっている、いわばきり状なのですが、その彼らが実は、もの凄い「精子競争」の世界に生きている。チンパンジーの社会は乱婚的で発情したメスの前には順番待ちの列が出来るほど。終わったら次、また次という状況です。こんなにも激しい精子競争社会にいるのなら、ペニスに返しがあってしかるべきではないかと思うのですが、ない。しかしよくよく考えると納得です。彼らにおいては、もはやいちいち搔き出して自分の分を注入してみても意味がない。すぐにまた自分の精子が搔き出される立場になる。ならばもう搔き出しは止めた。メスの生殖器の中で精子競争をして決着をつけようじゃないか、ということに落ち着いたのではないかと思います。

サクション・ピストン仮説は後に実験的に実証されるのですが、ベイカーたち本人によってではありません。二〇〇三年、アメリカの心理学者、G・G・ギャラップ・Jr.らのグループによってですが、何と彼らはアダルトグッズを利用している。しかも製造会社の名まで論文に書いている（といっても学術論文では明記しなければならないのですが）。

彼らは人工のヴァギナと返しがあるペニス模型、返しがないペニス模型、さらに精液を模してコーンスターチを水で練ったものを用いました。ペニスの動きは手動で再現します。そうしてわかったのは、返しがない場合〝精液〟全体の三五％しか掻き出せないということ。返しがあるので行なうと、九一％掻き出せます。

さらに返しがあるものを半分しか挿入しないとどうなるか。全く掻き出せなかった。四分の三挿入だと、三九％掻き出せる。完全挿入だと九〇％掻き出せて、完全に挿入することが重要だということも実証できた。ここまでやって、ようやく他の研究者たちを納得させることができたのです。仮説自体は誰しも直感的に正しいと感ずることができるというのに。

男は人のモノがやたら気になるらしい。

これまで、この件を説明するには、先程もお話ししたように女を喜ばせるためにはとにかく大きさだという古典的な説が一般的でした。しかし女は「モノ」が大きいと生殖器が傷つけられる恐れがある。決して体裁をつくろうためではなく、女は本当に男の「モノ」にはほとんど興味がない。とすれば男たちは意識していないかもしれないが、互いの掻き出し能力を気にしているのではないだろうかと私には思えるのです。

人間を裏切る動物たち

ここまで見てきただけでも、人間は繁殖にあたって、他の動物にはみられない独自の進化を遂げてきたことがわかります。とはいえ一方で、他の動物たちも我々が思う以上の戦略を身につけていることはもちろんです。

今ではそうでないということが少しずつ定着しつつありますが、一昔前は同じ種で殺し合いをするのは人間だけだ、人間以外の動物はそんなことはしないという信仰にも近い考えがありました。そこで人間はともかくとして動物の世界ではきっとそうに違いないという人間が作った「素朴な」動物観を裏切る研究を幾つか紹介します。仲間を騙《だま》すなんて当たり前、同じ種の子どもを殺す（「子殺し」）、そして交尾をコミュニケーションや食べ物を得るための手段にすることさえもある……。

「子殺し」が最初に確認されたのはハヌマンラングールでした。インド周辺にいる中型のオナガザル科のサルで、一夫多妻制、一頭のオスが数頭のメスとその子どもたちを率いてハレムをつくっています。林の端や寺院の庭のような、人里に近いところに住み、葉を食べている。スリムな銀灰色《ぎんかいしょく》の体に体長よりも長い尾をつけており、真っ黒な顔に水晶玉のような大きな目も印象的で、土地の人々からは神様のお使いとしてあがめられています。

あるとき、ハヌマンラングールのあぶれオスの集団がやってきて、ハレムを襲撃するという一大事件が発生しました。文字通りの死闘の末、群れを守れなかったリーダーは追放されてしまうのですが、興味深いことに子どものうちでもオスはこの敗走についていきます。残るのはメスと子どものメス、それから性別にかかわりなく、おっぱいを飲んでいる子どもたちです。そこで何が起こるのか——乳飲み子だけが、後からやってきたオスに容赦なく殺されてしまうのです。

ほ乳類の原則としてメスは授乳を止めると発情を再開するようになる。排卵も起きる。そうすればオスとしては交尾して、新たに子を作れるのです。もし、ハレムを乗っ取ったオスが乳飲み子を殺さないとすると（ちなみにハレムを襲ったオスたちのうち、一頭だけが新しいリーダーとなる）、メスが次に発情するまでに何年もかかる。サル類で一～二年、類人猿では四～五年にもなります。そんな長い時間待っていたとすると、また別のオスがハレムを乗っ取りに来て、自分ではまったく子を残さぬうちに、みすみすそいつにハレムを譲るだけのことになるかもしれない。ところが「子殺し」をすれば、自分の子をちゃんと残せる。それは同時に、自分の持つ「子殺し」に関わっている遺伝子も次代に残ることになる。そういった事情から「子殺し」が行動として進化してきたと考えられるのです。

この研究は一九六四年、京都大学のサル学者でインドでフィールドワークをしていた杉山幸丸氏（現・京大名誉教授、東海学園大学教授）が発表しました。このとき、わざとリーダーオスを捕獲して取り除いてみると、別のオスがやってきてちゃんと子殺しをすることも確認しています。でも杉山氏はこの行動に対し、「個体密度の調節のためだ」という解釈を下してしまった。

その後、サラ・ブラッファー・フルディというアメリカの女性研究者が杉山氏の研究を受けて、自分でも実際に研究しました。彼女もリーダーオスを取り除く実験をしたのですが、「子殺し」の解釈として、やってきた新しいオスが自分の遺伝子を残すための行動だと説明した。こんな経緯から、日本以外の国の本では「子殺し」の発見者はフルディだということになっていることがしばしばです。

「種の保存」の失墜

「種の保存」、あるいは「種の繁栄」という言葉なのですが、これがもう、なぜなんでしょう、人々の頭から一向に消えない。それぞれの個体は種全体の利益のためになるよう行動するという概念で、動物行動学の父と言われるオーストリアのコンラート・ローレンツが提唱しました。

ローレンツは、人間の社会は残忍な殺戮《さつりく》に満ちた世界であるが、野生動物の社会はそういうことが防がれた理想の世界だと考えた学者です。一九六〇年代前半はこの神話が全盛を極めた時期でもあった。ところが、折しも日本人研究者と、その研究の影響を受けた女性研究者の発見した「子殺し」が、「種の保存」も「人間だけが同じ種の中で殺しあいをする」も覆す一番の反証として登場し、やがてローレンツ流の考え方は説得力を失っていったのです。

ただ、現在でも動物行動学を学ぼうと思って何を読むかというと、どうしてもローレンツと、この点では一九六〇年代当時はまだ同じ考えを持っていたモリスの初期の著作ということになる。ローレンツの著作『ソロモンの指環』のサブタイトルが「動物行動学入門」だったりすることもあって、混乱が起きることがあるのです。

「子殺し」はその後、チンパンジーやゴリラ、ライオンでも確認された。また後で詳しく述べますが、W・D・ハミルトンがハチやアリの社会にいるワーカー（働きバチ、働きアリ。メスです）がなぜ自分では子を産まないかについて考えることで「種の保存」は新しい概念に置き換えられることになりました。

個体は、自分の遺伝子のコピーを増やすために行動する――。

そのためには同種の他人の遺伝子をつぶしてでも、自分の遺伝子を残そうとする。そうすると、種としてははたして繁栄していくのか、保存されるかどうかの保証はありません。種が残っているとしたらそれは単なる結果でしかないのです。

仮に、同じ種の保存のために尽くそうという遺伝的性質や遺伝的プログラムがあったとします。でも、それは、自分自身の遺伝子を残すためにやっきになっている連中との戦いにおいて、どうしても負けてしまう。何しろ、自分自身の遺伝子よりも同種の他人の遺伝子を残すことに尽力するあまり、自分自身の持つ、その、同種の他人の遺伝子を残すことに尽力するという遺伝的性質自体が次代に残りにくいのだから。

個体は種全体のことを考えて行動しているわけではなくて、あくまでも自分の遺伝子のコピーを残すかどうかで行動している。その場合、直系の、子や孫だけでなくて、同じ遺伝子を血縁の近さに応じた確率で持つキョウダイや、甥《おい》とか姪《めい》、イトコ、イトコの子などをどう増やしていくかも関係する。この本で自分の遺伝子のコピーという場合には、そういうところまで話が及んでいるということを覚えておいて下さい。

類人猿が交尾を利用する

ボノボと呼ばれる、チンパンジーに近縁な類人猿がいます。彼らが社会を円滑に運ぶための手段としてどうやらセックスを利用しているらしいと研究者が報告したとき、その内容は研究室の同僚たちにさえ、なかなか信じてもらえなかったほどです。

乱婚的社会というと、チンパンジーやニホンザルが有名ですが、ボノボはさらなる乱婚状態にあります。彼らの研究に携わり、その驚愕の実態を明らかにしたのは、京都大学の加納隆至氏（現・京大名誉教授）と黒田末寿氏（現・滋賀県立大学教授）でした。ただ、ボノボが〝乱婚〟的であることの真の目的は究極の快感でもなければ、彼らの世界でたまたまそういうことが文化的に流行しているというわけでもありません。

ボノボはアフリカの中央部を東から西に向かって流れるコンゴ川とその南のカサイ川との間の地域にすんでいる、ちょっと変わったチンパンジーです。体はチンパンジーよりひと回り小さく、全体的に華奢《きゃしゃ》で、立って歩くことが得意です。その後ろ姿といったら、ちょっと腰をかがめたガニ股気味の七、八十歳のおばあさんかと思うほど。研究は一九七〇年代後半になって本格的に始められました。その社会はチンパンジーとほとんど同じで、チンパンジーの件《くだり》で言い忘れてしまいましたが、メスは性的に成熟すると生まれ育った集団を出て行き、他の集団へ移籍する。つまり父系社会です。そのボノボがチンパンジーとは明らかに違う、信じられないくらいに平和で穏やかな社会を築くことに成功しているのです。

ボノボのメスも、発情すると性皮を赤く膨れ上がらせますが、チンパンジーとは違う独特の特徴が見られます。チンパンジーでは月経周期（平均三五日）のうち、性皮が膨れて交尾する発情期間は十日ほどなのに、ボノボは倍の二十日もあり、月経周期自体も四十六日ほどに伸びている。生殖器も体の前寄りにあり、股間に近いところが膨れ上がります。発情したメスはオスと次々に交尾しますが、それはチンパンジーよりさらに積極的。普通、霊長類をはじめとしたほ乳類ではオスがメスのお尻に後ろからマウントしますが、ボノボは背面位よりも対面交尾をよく行う。メスは仰向けになって交尾するのが好きです。おそらく生殖器の位置の問題からでしょう。

彼らは挨拶《あいさつ》代わりとでも言うべきか、あたかも握手するがごとく、オスどうしでもペニスでチャンバラをしたり、睾丸を軽くぶつけ合わせたり、お尻をくっつけ合ったりする。メスどうしも「ホカホカ」といって、膨らんだ性皮を、地上であるいは互いに枝からぶら下がって向かい合いながら擦《こす》り合わせる。このとき、一応、それなりの恍惚の表情を示します（ホカホカは黒田氏のネーミングによる）。

さらには近親者でない限り、オスとメスとの挨拶代わりの交尾もあるし、その際、大人と子どもの組み合わせもありえます。これらの〝性行為〟は個体の間に何らかの争いが起こりそうになり、互いに何だか気まずいムードが流れたときに素早く行なわれる。

こんなふうにセックスを個体間の問題解決のための手段としている点に、何て素晴らしい利用の仕方をしているんだ、と私は敬意さえ抱いてしまいます。

チンパンジーでは異なる集団のオスどうしの衝突は、殺しあいにまで発展することがあります。なのに、ボノボはと言えば——。

二つの集団がたまたま遭遇し、両者の間にただならぬ緊張感が走った。やがて、双方から一頭ずつ、オスがつかつかと歩み寄ってきて、もはや衝突は避けられないのかと思われたその瞬間！

二人はくるりと向き直ると、お尻をくっつけ合わせた。これで一件落着、両集団は何事もなかったかのように去って行った。

この件と同じくらい衝撃的なのは乳飲み子がいるメスのケースです。ボノボの授乳期間は四〜五年と長いのですが、出産後一年以内に、排卵を伴わない発情周期を再開します。排卵を伴わない、というのがミソで、その他の多くのサル類、類人猿の仲間たちにとってみればとても信じられないような特殊な生理機能を持つに至った。極めて人間に近いところがあります。

実を言うと、ボノボやチンパンジーのメスがこのように結構いつでも、それも誰とでも交尾するという進化を遂げた最大の理由というのは、やはり「子殺し」を防ぐためと考えられています。彼らは乱婚状態の社会の中でなるべく多くのオスと交尾するので、はっきりわかる親子関係は母子の間だけしかない。ある意味では全てのオスに「父親」の心当たりを負わせ、「殺させない」ための工夫を施しているともいえるのです。ただ、それでもチンパンジーでは時々子殺しが起きてしまいます。他方、ボノボでは人間と同じように、排卵は起きていないが発情するという現象が授乳期間中に起こるためもあるからか、子殺しはまだ一例も見つかっていません。

DNA鑑定と浮気

木の枝や羽毛でつくったささやかな巣。オスとメスとが協力しながらヒナを育てている——愛らしくて、ほほえましい鳥たちの社会が、実は浮気だらけだった！　この事実も、人間の思いを物の見事に裏切ってくれるでしょう。

ボノボの行動が確認されたのと同じ頃、大阪市立大学の山岸哲氏（現・山階鳥類研究所所長）のグループが、三重県鈴鹿市にあるサギの集団繁殖地で観察に取り組んでいました。数種類のサギが千羽も集まるこの地で、まさにそのとき驚くべき事実が発覚しようとしていたのです。

サギのオスが巣材などを取りに出て、メスだけが巣に居残っている。そんなとき、ダンナではないオスがふと訪ねて来て、何とすんなりと交尾が成立してしまうことがあります。メスは時には大声をあげて「人を呼ぶ」のですが、それはあろうことか、夫がすぐ近くにいないかどうかを確かめているだけのことなのです。もっとも、妻が妻ならダンナもダンナで、妻がそうしている間に、別の巣に寄り道して帰ってきます。

ほ乳類とは違い、鳥には赤血球に核があるので血液をほんの少量採取すれば、フィンガープリント法というテクニックを使ってＤＮＡを分析できる。この都合の良さを利用し、一九八〇年代後半から、鳥の浮気の実態が次々あばかれるようになりました。

一羽の母鳥が産んだ卵からかえったヒナ（一腹子）の中にどれだけ浮気の子がいるかという研究が、一九九〇年代初めにかけてすごい勢いで行なわれ、研究論文も怒濤の如く発表された。なかでも「とんでもない」のは、ルリオーストラリアムシクイという、オスがこの世のものとは思われないほどに美しい鳥のケース。一腹子のうち平均で七八％もが「夫」以外の「オス」の子だったのです。その実態をもし当主であるオスが知ったなら、バカバカしくて世話をする気になんてならないくらいの惨状です。とはいえそんなダンナにしても、外でちゃっかり浮気しています。ただその際、今のダンナに比べればこのオスはマシだな、と判断したメスだけが浮気に応じてくれる。オスとしては、なかなか厳しいものがあります。

この鳥のメスはと言えば全然美しくありません。美しいことは捕食者に狙われる危険と引き換えだからです。そしてオスがここまで美しく進化したのは、メスが貪欲に浮気し、ダンナより美しいオスと交尾し続けてきた歴史があるからこそと言えます。

鳥は交尾と受精、そして卵を産むまでのしくみが特殊で、たとえば一日おきに一個ずつ産んでいく、その間に交尾することもある。だからこういう、一腹子の中にダンナ以外のオスの子どもも混在するという現象が頻繁に起きてしまうのです。

DNA鑑定は、鳥以外でも実力を発揮していきました。チンパンジーの研究は一九六〇年代からイギリスのジェーン・グドールや今西錦司氏、伊谷《いたに》純一郎氏らが始めています。チンパンジーの社会は数十頭から百頭くらいからなる集団が幾つも隣りあっていて、非常に縄張り意識の強いオスたちが厳重にパトロールしています。

早い話、ヤクザの皆さんの社会のようなところがあって、たとえばオスが一人でいるときに別の集団のオス数頭に遭遇すると、たいていは殺されるか、再起不能になるくらいにボコボコにされてしまいます。自分の属する集団の縄張りの中にいるときでさえ、一人でいることは危険で、集団で侵入して来られることもあるくらいです。

そのような、オスにとっては十分な警戒心が必要とされる社会にあってメスはどのように振る舞っているかというと、二〇年以上にもわたる観察では、自分の集団の中での生活にのみ留まっているとみなされてきた。ところが子どものDNA鑑定をしてみると、あっちこっちの集団のオスの子が混じっている。あるメスが発情した期間中、一日だけ、どうも見かけない日があったとする。後で産んだ子を調べてみると別の集団のオスが父親だった。そのたった一日を利用して他集団のオスの遺伝子を取り入れている。そういう事実が段々とわかってきたのです。

ニホンザルでも研究者の観察を大いに裏切る現象が見つかりました。ニホンザルは乱婚的ですが、チンパンジーやボノボほどではありません。順位が高いオスがメスをガードしていて、順位の低いオスはなかなかメスに近づけないように思われる。だから順位の高いオスがよく子を残しているに違いないと思って、DNA鑑定を施してみると、必ずしもそうではなかったのです。順位の低いオスも結構子を残している。では、どういうことになっているのか？

繁殖の掟

独自の工夫をこらす人間と、思いもよらぬ生態を見せる他の動物たち。しかし、これだけは普遍的だと言える点が一つあります。

それは、メスは産むことのできる子の数に限りがあるということ。よって、同じ産むならできるだけ質のよい相手を選んで子を産みたい。対するオスは、無尽蔵とは言わないまでも膨大な数の精子を作り出せるので、数打ちゃ当たる方式でどんどん交尾を試みているということです。

たとえば、人間の女が繁殖に使うことのできる卵は普通、月に一つ、一生を通じてだと約四〇〇。この卵の元になるものは、女が胎児のときにもう体内でできており、よく言えば用意万端、他方では非常に限りがあると言えます。

男の場合には、一回の射精で数千万から数億もの精子が放出される。それはすぐに補《ほ》塡《てん》され、精巣では着々と新しい精子が作られている。一生だとどれくらい作られるのか、どうやって計算したらいいか、見当もつかないくらいです。となれば、選ぶ側である女の戦略の方がはるかに洗練されてきて当然だということがおわかり頂けると思います。

わかっている限り、女の出産数のギネス記録保持者は、帝政ロシア時代、モスクワから東へ二四〇キロメートルほどの町、シューヤの農夫、フィヨドル・バシリエフの最初の妻（名は不明）です。彼女は二七回の出産で計六九人の子を産み、その内訳は双子が一六組、三つ子が七組、四つ子が四組。つまり一回も「一産一子」がなかったことになります。男の方の記録保持者は八八八人の子をなしたモロッコ最後の皇帝、ムーレイ・イスマイル（一六七二〜一七二七）です。彼についてはそれ以上数え切れなかったという説もあり、子の数はもっと多かったのかもしれません。ただ、ここが肝心な点なのですが、男の場合には必ずつきまとう問題があって、そのすべてが本当に彼の子である保証はないということ。しかし、件《くだん》の農夫の妻の場合には、産んだ子のすべてがまちがいなく彼女の子です。

限られた数とほぼ無限大という構図は、他の動物についても同様です。すると、次に問題となるのは、メスはいったい何をもってして相手の質がよいかどうかの判断を下すかということです。

人間に限らず、動物が繁殖する際の一番の課題は何だと思われますか？　お金や地位は、他の動物でいえば、まあ縄張りの質の良さや、集団内の順位などといった点と対応しなくもありませんが、違います。意外なことにそれは、バクテリア、ウィルス、寄生虫といった寄生者、つまりパラサイトに強いかどうか。免疫力の問題なのです。

人間にしたところでお金や地位よりも、本来は免疫力なのです。今の日本の社会では皆、すっかり忘れてしまっていますが、この世界は元々、寄生者《パラサイト》だらけ。結核はかなり最近まで死亡原因の一位だったし、コレラは明治時代に大流行し、それ以前は天然痘や梅毒……。今でも熱帯地方に行けば人々は寄生者《パラサイト》の脅威にさらされ続けている。そこでは他のどんな問題よりも寄生者《パラサイト》に負けない免疫力を持っていることが重要です。そういう社会では、男は、どんなに稼ぎがあろうが、浮気をしない誠実さを持ちあわせていようが、子育てを手伝ってくれる優しさがあろうが、免疫力が低くては意味がない。せっかく子を産んでも、その子の免疫力が低ければ生き延びられない。男の稼ぎも誠実さも、優しさもすべて意味をなさないのです。

寄生者《パラサイト》に負けない遺伝的性質をいかに取り入れるか。いかに免疫力の高い相手の遺伝子をとり入れて子を産むかがメスたちの最大の課題なのです。相手の質のよしあしとは、実のところほとんど免疫力に関わる問題だったのです。

次の章からは、主に現代の人間社会に焦点を当てて、男と女が互いにどのような繁殖戦略を繰り出しあっているのかを見ていきます。

もちろん、その際、霊長類を始めとするほ乳類から鳥や昆虫の生態までが登場します。彼らについて知ることで、人間の行動にも敷衍《ふえん》する。動物行動学、遺伝子の観点を取り入れた現代の進化論の真骨頂はこの点にあるのです。

第2章
女は男の指を見ている——Ｈｏｘ遺伝子の話

利己的な遺伝子

我々は、遺伝子が世代を越えて乗り継いで行くための乗り物（ヴィークル）にすぎない。

一九七六年、当時三五歳のイギリスの動物行動学者、リチャード・ドーキンスがこんな思い切った言い方を世間に提示して、物議をかもしました（『The Selfish Gene』邦題『利己的な遺伝子』日高敏隆ら訳、紀伊國屋書店）。

訳書が出版された八〇年代初頭、私は大学院生で、ちょうどその頃、まるで新たにこの分野に飛び込んできた頼りない女子学生を覚醒させるかのように次々翻訳される名著に夢中になっていました。

E・O・ウィルソンの『社会生物学』、J・R・クレブス＆N・B・デイビスの『行動生態学』（以後何回か改訂版が出ているがその第一版）……。特に、人間は「遺伝子の乗り物である」とドーキンスに一喝されたときには、まるで谷底に突き落とされたかのような気持ちになったのを覚えています。

実体はわからないものの、「自己」とか「自我」と言うべきものがあって、遺伝子はその支配下にある。遺伝子は「自己」が生きていくための手段にすぎないと思っていたから、まさに天地がひっくり返るほどの衝撃。立ち直るのに何ヵ月もかかりました。

しかし、よくよく考えてみるならば、地球上の生命の始まりはこんな具合だったはずです。原始のスープと言われる、様々な有機分子が漂う沼のような場所がある。その生命の源に雷が落ちるなどして化学反応が起こり、最初の「自己複製子」と言えるものができてきた。順番からすると、まずRNAが、次にDNAができたと考えられているのですが、ともかく自分で自分を複製することができるという、生命の定義を備えた、一番シンプルな形ができた。でも、その大切な自己複製子がむき出しのままだと傷ついてしまうので、保護するための壁のようなものをつくる必要に迫られた。自己複製子は自らの情報を変えていくことでそれに成功した。言ってみればそれが初めての、生物らしい生物だった。

遺伝子が（初期の頃、「自己複製子」と呼んでいたものを、生物が生物らしくなってきた時点で「遺伝子」と呼ぶようドーキンスは使い分けています）、コピーされ、次の世代へ、また次の世代へと受け継がれて行くわけだが、その際、時々突然変異が起き、場合によってはそのヴィークル自体が大きくモデルチェンジすることもある。そういうことが繰り返され、気の遠くなりそうな時間をかけて、ついには人間というヴィークルも現れるに至ったというわけです。一方で、時に生命と非生命のどっちに分類すべきか議論されることもあるウィルスでは（自分で自分を複製するという意味では生命です）、DNAかRNAの周りにタンパク質がくっついているだけというような非常にシンプルな構造のままのものもあります。

ドーキンスが何をもってして利己的（セルフィッシュ）だと声高に言ったのかということ、表題にもある通り遺伝子です。

それも、遺伝子が自分のコピーを増やすことについてのみ利己的だと言ったのであり、普通使われるような「わがまま」とか「自己中心的」という意味とは全然違うということに注意して下さい。

こうして彼によれば生物とは、遺伝子が自らのコピーを増やすために作った生存装置にすぎない。遺伝子が世代から世代へとコピーされ伝えられていくときに、「乗り物」

として利用しているにすぎず、主体は遺伝子の側にある。遺伝子は、悠久の時間を旅することを目論《もくろ》んでいるのだというのです。

しかしさすがにここまで言われると、人は遺伝子の目論見のためにある程度機能していればよくて、自分は何のために生まれて来たのか、自分のなすべきことは何かなんて、実は関係ないことになる。自尊心が強かったり、強烈な自我を持っている人にとってはかなり、カチンと来る考えでしょう。そうでなくても、ほとんどの人は多かれ少なかれ「人間とは何か、自分とは何者か」という疑問を抱いて真剣に悩んだ経験がある。だから、それを最初から否定するような考えに批判が起こったのは無理からぬことだった。特に、キリスト教圏では強い反発があって現在でも状況はあまり変わっていません。

ただ、私は当初は谷底に突き落とされたものの、やがて冷静に考えてみることができた。すると、なるほどそういうことか、と気持ちが楽になりさえしたのです。

生物の歴史を考えてみると、本当にそうだ。我々が必死になって追求する「自己」も「人生」も、うたかたの存在であり、まばたきするほどの時間でしかない。だからと言って人生何も悩まず、のほほんと無責任に生きればいいやというものでもないのですが、それまで夜も眠れないほど苦しめられ続けてきた、自分とは何か、自分のなすべきことは何か、といった呪縛からようやく解き放たれたのです。

その後、ドーキンスはこんなふうに補いの言葉をつけて説明しています。

我々が遺伝子の乗り物であるという考えと、それとは逆の、我々に遺伝子が乗っているのだという考えはどちらが正しいと決めるべきものではない。この二つはちょうど、紙にペンで立方体を描いてみたときのように(但し、見えない部分を点線で描くのではなく、すべて実線で描くことが重要!)、たとえばこっちに出っ張っているように見えるなあと思ってしばらく眺めていると、なぜだか突如としてイメージが反転して、別の方向に出っ張って見えるようになる。が、またしばらくすると、突然さっきの方向へ出っ張って見えるようになる。そういう関係にあるのであり、どちらが正しいというものではないのだ、と言っています(ちなみにこういう立方体を「ネッカーキューブ」と言う)。でも、これは単に批判対策のために補っただけであり、どう考えても本音の部分では、今でも人間は遺伝子のヴィークルだという立場を取っていると私は思います。本人は絶対に認めないでしょうが。

ドーキンスが「利己的遺伝子」などという過激な表現を使ったのは、半ば、その過激さで世間に衝撃を与え、何とかこの分野に注意を呼び起こそうという狙いがあったと思います。一方で、遺伝や進化の話をするときに、「あるとき、遺伝子に突然変異が起きて、それに対する淘汰がかかる。そうこうするうちまた別の突然変異が起きて……」などといちいち説明していると話がものすごく長くなる。とりあえず「遺伝子は自分のコピーを増やすということに関して利己的である」と、遺伝子に仮の人格を与えてやると、非常に簡単に説明がつく。使い勝手がよくて便利です。だからあくまでそう表現しただけであり、一つのレトリックだと考えて下さい。

「利己的遺伝子」という考え方は、一見、とんでもなく異端の説のように感じられるのですが、今言ったようにややこしい話を極めてシンプルに、おしゃれにまとめただけだし、遺伝子についてまったくわかっていなかった時代にダーウィンが言ったことを現代語訳し、補足したと言うこともできます。つまり、純然たる正統派ダーウィニズムの範《はん》疇《ちゅう》に入るのです。

産むメスと産まないメス

遺伝子が自分のコピーを残すのにどれほど利己的か、遺伝子はかくも利己的なのか、ということが、とても明快にわかる例があります。

ドーキンスの著書に先がけること一二年、一九六四年にイギリスのW・D・ハミルトンが発表したもので、遺伝子の論理を根幹に置いた動物行動学や進化論が大きく飛躍し、新展開を見せるきっかけをつくった革命とも言える研究です。

ミツバチなどのワーカー（働きバチ）がメスであることは既に述べました。一つの巣のメンバーは、一匹の女王とその娘たち、そしてあまり数は多くないがオス（息子）たちで構成されています。ハチやアリの世界の性決定のシステムは変わっていて、未受精卵からはオスが産まれ、受精卵からはメスが産まれてくる。これを女王が産み分けながら巣のメンバー構成を保っています。

とはいえ女王が行なっている産み分けとは、巣の中の、卵を産みつける部屋の広さが基準になっている。比較的広いか、狭いかということ。実は前者はオス用、後者はメス用の部屋なのです。つまり女王は自分の意思によって産み分けているのではなくて、部屋をつくった者たち、ワーカーの意図によって産み分けをさせられているだけだというこことになる。この部屋は広めだなと思ったら卵を受精させずに産み（オスになる）、狭いなと思ったら受精させてから産む（メスになる）というわけなのです。部屋は狭いタイプ（メス用）が圧倒的な数を占めています。

ワーカーは蜜や花粉を集め、巣を見回り、幼虫の世話をし、敵が襲ってくれば命を投げ出して戦う。そして当の本人たちは子を産まない。なぜこんなにも女王と巣のために「尽くす」ことができるのか。ダーウィン以来の難問でした。

そこでハミルトンは、この難問には不思議な性決定のシステムが絡んでいるに違いないと考え、各々の血縁度を計算してみた。

すると意外な事実が明らかになった。ワーカーは自分で産むよりはむしろ、女王にメスを産ませた方が有利。自分で子（娘）を産むより、母親に自分の妹たちを産んでもらった方が、自分の遺伝子のコピーがよく残ることがわかったのです。

我々のような普通の性決定のシステムでは、女が母に娘（自分の妹）を産んでもらっても、自分で娘を産んでも遺伝子のコピーの残り方は同じです。どちらも血縁度は二分の一なのだから。ところがハチやアリでは独特の性決定のシステムのため、母に娘を産んでもらうと、何と血縁度が四分の三の個体が生まれることになる。これは自分の娘の血縁度である二分の一を上回る存在なのです。

生物には自分の遺伝子のコピーをより増やすために行動する、というルールがあるだけ。それは必ずしも自分自身が産むことに限らないということが鮮やかに示された。ハチやアリはかなり変則的な動物ですが、そうした特異な例から物事の本質が見えたのだから面白いものです。

これが血縁淘汰と呼ばれる概念が生まれるきっかけをつくったのです。自分が子どもを作るほかに、自分の血縁者を介して自分の遺伝子のコピーを増やすというルートがある。こうして一挙に、それまで不可解としか言えなかった行動や現象に対し、新たな光が与えられるようになりました。

個体だけ見ていると全然解けない問題というのが結構あります。

たとえば、デザインの仕事をしている人たちが、こんなことを言いました。

「動物というのは、自分の遺伝子を残すために生きていると言うけれど、デザイナー仲間が一〇組集まったところ、みな結婚はしていても子どもがいるのは一組しかなかった。自分たちは一体何の意味があって生きているんだろう」

これだけ集まって一組しか子がないというのは、統計的に検討してみたわけではないけれど、尋常ではない。何か理由があってのことで、それはおそらく無意識のうちに子を欲していないからなのでしょう。

デザイナーというのは、高いオリジナリティ、独創性を要求される職業です。子をつくるとそれらを発揮するうえでの妨げとなったり、子を持つ親として少なくとも型通りの人間を演ずるとか、規則正しい生活を送らなければならなくなる。そういうことを無意識のうちに察知し、子を欲しないのではないでしょうか。では、彼らは全く自分の遺伝子のコピーを増やしていないのかと言えば、違います。自分たちは創作活動に専念しながら、実は血縁者の繁殖を物心両面でバックアップしているかもしれない。有名なデザイナーなら、「彼はあの〇〇の甥なんだって！」とデザイナーの名声による恩恵を受け、その甥っ子は女の子にモテまくるに違いありません。そこまで有名でなくとも、またデザイナーのようなクリエイティヴな職業でなくても、子がいない人が甥や姪の面倒をよく見たり、支援することは普通に行なわれています。

指こそ「できる」印

こうしてみると、現代社会に生きる我々も、遺伝子の企みとは全く無縁ではありません。人間の男と女が互いにパートナーを選ぶ際に、どれほど内なる「彼ら」に影響されていることだろうか！　まずは「はじめに」でも紹介した、女たちが密かに注目している男の指についての話です。

女が男のどこを見ているかを聞いたアンケートでは、次ページの表の結果が出ています。第一位が手（指含む）で、二位が目、三位が腕、二の腕と続きます。もう一つ別のアンケートでも、指は「服を着ている状態で見えるパーツ」の第一位（「ＣＲＥＡ」文藝春秋、二〇〇九年十二月号「パーツに萌える女たち！」）。二位は目・瞳、三位は横顔で、「服に隠れていて見えないパーツ」の一位は腹筋、二位お尻、三位には体毛がランクインしています。

たぶん思春期以降からだと思うのですが、私も男の指、それも伸びやかで美しく、関節の部分がちょっぴりゴツゴツした指を見るとぞくっとし、セクシーだなあと感ずるようになりました。自分は変態だと思って悩んだ時期があって、それは自分としては結構深刻な問題だったんですが、やがて周囲でも、女が顔や身長と同じように「指」をチェックしているという話を耳にするようになってやっと、ほっと胸をなでおろした次第です。

それにしても、なぜ女は男の指などという些細なパーツを気にしたりするのか？

私を大いに納得させたのはイギリスのジョン・T・マニングで、彼の存在を知ったの

女性が気になる男性のパーツ

1位	手（指含む）
2位	目
3位	腕、二の腕
4位	お尻
5位	背中
6位	顔
7位	胸板
8位	唇
9位	お腹
10位	肩
11位	口、口元
12位	鼻
13位	肩幅
14位	脚
15位	胸
16位	髪
17位	首
18位	筋肉
19位	眉毛
20位	ひげ

出典：インターネット「All About」アンケート「異性の体のパーツのどこをチェックするか」2006年

は、一九九〇年代半ばのことです。

同じ責任者の「作品」

マニングの論文には、Ｈｏｘ（ホックス）遺伝子というものが登場します。胚《はい》発生の際に重要な役割をなす遺伝子で、染色体のある領域に一〇個くらいの遺伝子がずらりと並んで存在している。こういう固まり（クラスター）は四つあり、それぞれの乗っている染色体も違います。ちなみに胚発生というのは、受精した卵が細胞分裂を繰り返しながら、だんだんその動物らしい形になっていく過程のこと。Ｈｏｘ遺伝子は言わば、そういう工事の現場監督の役割を担っているのです（次ページ図参照）。

この遺伝子の働きについての研究ですが、まさか人間の胎児を使うわけにはいきません。ショウジョウバエやマウスが利用されました。たとえばある遺伝子を働かないよう処置すると、はたしてどんな形がつくられるかを調べる。そうしてその遺伝子が担っている役割を逆に推測するのです。

個々のＨｏｘ遺伝子が具体的にどうやって指示を出しているかですが、Ｈｏｘ遺伝子

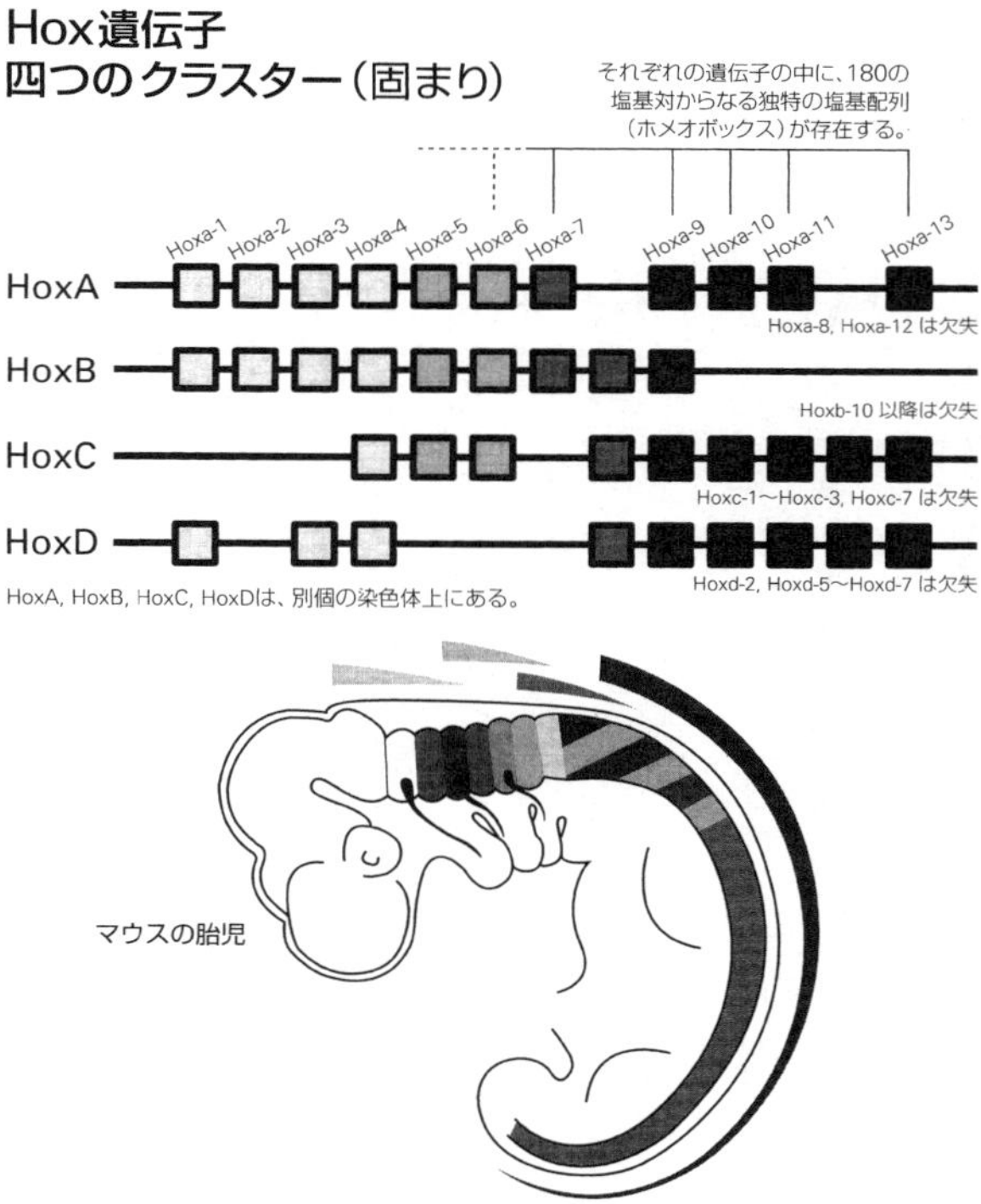

ショウジョウバエ（無脊椎動物）で見つかった
ホメオティック遺伝子に相当するものが、
マウスなどの脊椎動物でも見つかった。
これがHox遺伝子である。

「生体の科学」49巻6号（1998年12月発行）
P.566の図1をもとに作成

の産物であるタンパク質が、目標とする遺伝子の近くに結合してそれらの遺伝子が発現するためのスイッチを入れるという方法です。

各クラスターにある一〇個ほどのＨｏｘ遺伝子ですが、一番肝心な点は並んでいる順と、その遺伝子が形作りを担当している体の部分とがほぼ順番通りに対応しているということです。体の本体、要するに胴体では、前ページの図のようにＨｏｘ遺伝子の番号の若い方は、頭に近い方を、番号が進むにつれ、胴体の端、つまり生殖器や泌尿器に近い方を担当領域にしている。さらに、ここがポイントなのですが、この同じ遺伝子たちが腕や脚をも担当していて、胴体の場合と同じように、ほぼ番号の順に担当を受け持っている。つまり腕の付け根から手の末端まで、脚の付け根から足の末端までの形成を順番に受け持っているのです。

この驚くべき仕組みを知った時、私は思わず心の中で叫びました。「神様がこっそりやっていることをついに覗《のぞ》き見てしまった。神様は、こんな泥臭い方法で我々の体を作っていたのか！」

しかし同時に、こうも思いました。

ということは、だ。胴体の末端である生殖器や泌尿器と、腕や脚の末端である指とは、共通のＨｏｘ遺伝子によって作られていることになる。工事の担当者が同じなら、その「出来上がり具合」も同じレヴェルになっているはずだ。

女が男の指についてあれこれ品定めする。それは、まさにその男の生殖器とその質のほどを評価していることになるのではないでしょうか。指がセクシーに感じられるのは、こういう事情があるからに違いないと思ったのです。

それどころか実際、マニングの近著『二本指の法則』(早川書房、村田綾子訳)には、指と生殖器の大きさに関する研究が登場します。アテネ海軍退役軍人病院のエヴァンゲロス・スピロプロスらは、五二人の若者の人差し指の長さを測定(残念ながら薬指は測っていない)。彼らの身長、体重、ウエストとヒップのサイズも測定し、「痛くない程度に、きわめてゆっくり伸ばしたペニスの長さ」(これがどういう状態を意味するのか今いちわかりませんが)も記録。するとペニスの長さと人差し指の長さに一番強い相関が現れたのです。もちろん、指が長いとペニスも長い。なぜ完全に膨張させたペニスのサイズを測らないのかと、いささか疑問に感じますが、他でもない、実験の場でそういう状態を作り出すことは恥ずかしいとか、無理だと主張する者がいたのかもしれません。

ふくらはぎの推測

では逆に、男の視線は女のどこに注がれているのか。

女の体も同じくＨｏｘ遺伝子たちによって形作られるわけですから、女の指も何かをアピールしているはずです。

ただ、女どうしが男の指（特に手の指）を語る熱心さで、男によって女の指が語られているかというとそうではないように思われる。男が語るとしたら、それは脚でしょう。

五九ページで紹介したアンケートの逆バージョン、男は女のどこを見ているかの調査結果は次ページの表のようになっています。第一位が胸というのが強烈ですが、注目して頂きたいのは※がついた四項目。脚、ふくらはぎ、足首、ふとももの投票数を合計すると、なんと二位にランクインするのです。

腕の場合と同じように、脚でいえば本来なら末端の指こそが生殖器担当と同じＨｏｘ遺伝子の管轄《かんかつ》下。生殖器の出来具合、もう少し言えば、生殖能力のほどを表していることとになります。でも現代の日本では足先はいつも靴に隠れていて、そう簡単にチェックする機会もない（昔は素足にゲタで、女の足の指はとてもセクシーだと言われたし、欧米人から見れば、女が足の指を露わにするなんて……と顰蹙《ひんしゅく》を買ったみたいですけど）。その代わりなのかどうかわかりませんが、足首に目が行くという男が多いようです。同時に太腿《ふともも》やふくらはぎなども大いに男の目を引いているらしく（実際、件のアンケート結果からしてもそうです）、このことから逆に、生殖器担当のＨｏｘ遺伝子が、女の場合には幾分か脚全体の形成に影響を及ぼしているのかもしれないなあと思ったりもします。

男性が気になる
女性のパーツ

1位	胸
2位	目
3位	お尻
4位	脚※
5位	ウエスト
6位	顔
7位	指
8位	お腹
9位	ふくらはぎ※
10位	鼻
11位	唇
12位	髪
13位	足首※
14位	肌
15位	爪
16位	うなじ
17位	腕、二の腕
18位	手
19位	ふともも※
20位	背中

出典：インターネット「All About」アンケート「異性の体のパーツのどこをチェックするか」2006年

実際、ある男性はこう断言しています。

「足首があって、膝、そして太腿がある。仮に足首から膝ぐらいまで、『おっ』と思う綺麗な脚があるとすると、経験上その上もきれいな形をしている。突然ダボンとしてがっかりすることはまずない」

但し、またまた足の指復活かと思われるのが、最近の若い女の子の靴で、足の甲が大きく露出していて、指の股がギリギリ見えるというデザインのものがある。ハイヒールでも、そうでない場合もあるのですが、これぞ男の視線が実は足の指を欲しているということをよくわかっているからこそだなと感心するのです。

男の視線が女の太腿に注がれるという件についてはこんな解釈も成り立つかもしれません。赤ちゃんを育てるときのお乳は、意外に思われるかもしれませんが、おっぱいではなく、太腿やお尻の脂肪からつくられるのです。とすると男は、子を産んだらよくお乳を出してくれそうかという観点から女のお尻や太腿に視線が行くのかもしれません。ただ、昔から言う「小またの切れ上がったいい女」、つまり足首がよく引き締まったいい女というのは、足首と生殖器との強力な関連を匂わせていると思います。

薬指が語るもの

いよいよ指比（薬指の長さに対する人差し指の長さの比）についてです。指比の値が低い、言い換えれば相対的に人差し指に対して薬指が長ければ長いほど、胎児期のテストステロン（男性ホルモンの代表格。当然、生殖能力に関わる）のレヴェルが高かったと考えられており、マニングらはこの現象を利用して様々な研究をしました。

ちなみに「はじめに」で紹介した測り方をすると、男は女よりも、指比は低い値が出る傾向がありました。

たとえば、イギリス北西部の白人の場合、男の指比は〇・九八で、女は一・〇〇です（値は右手についてで、右手を測るのが基本です）。ちなみに我々モンゴロイドは、指比については男女ともコーカソイドより低い値が出る傾向があります。あなた（あなたが男だったとして）の指比が、〇・九五以下とかに出たとしても、それはモンゴロイドとしてはそう驚くべき値ではないと理解してください（日本人の男の指比の平均は〇・九五、女はもう少し高いとされている）。

そもそも薬指と人差し指の長さについてですが、胎児期にそれらの原型ができ、そのままの比率を保ちながら伸びていきます。この指比の値が低いことが、胎児期のテストステロン・レヴェルの高さに対応しているわけですが、それはまた胎児期にテストステロンによって発達する部分とも関わりを持つ。たとえば右脳です。右脳は空間認識力や音楽の才能と深く関わっています（テストステロンは右脳を発達させる代わりに、左脳の発達を抑えます。左脳は普通、言語脳となっている）。

そこでマニングらは空間認識の能力が重要な分野としてプロ・スポーツ選手に目をつけた。特にサッカー選手に注目しました。サッカーはゴールキーパー以外は基本的に手を使わないので、手を使うスポーツで手を酷使した結果、変形するなどという要素が入らなくて都合がよいのです。

まず、イギリスのプロ・サッカー選手（三〇四人）を国際試合に出場した選手、プレミアリーグの選手、コーチなどと分類するのですが、指比の平均は、いずれの場合にも〇・九四〜〇・九五五の間にあり、一般の男（五三三人）の〇・九八と明らかな違いがある（サッカー選手の場合は、右手の指比と左手の指比の平均値を採用している）。さらにプロでもレギュラーか、控えか、ユースかでも違いがある。

どの順に指比が低いのか、わかりますか？

そう、レギュラー、ユース、控えの順です。レギュラーが最も低いのは当然として、控えの選手の値が最も高いのも当然。そしてユースは将来のレギュラーも控えも混ざっているので中間に位置するというわけです。さらにマニングらは、南米のクラブチームの選手の、なぜか左手を調べていて、その中にインテルから一二〇〇万ドル以上の契約金でバルセロナへ移籍した某フォワード選手（サッカーに詳しい人なら誰だかわかるでしょう）が登場し、指比は何と〇・八八五だったというのです。

スポーツでは心臓や血管系、骨格や筋肉の発達、集中力やリスクを好むとか自信を持つといったことも重要で、実はこれらもテストステロンとの関わりが深い要素です。体の原型がつくられる胎児期はもちろんのこと、思春期以降にも関係する。胎児期にテストステロン・レヴェルが高かった人は、大人になっても概《おおむ》ね高いと言え、これらサッカー選手は、こうした要素を十分に持っているはずです。

マニングらは次に音楽の才能について注目します。サンプルにしたのはイギリスの交響楽団、ブリティッシュ・シンフォニー・オーケストラのメンバーで、男五四人、女一六人の計七〇人。男五四人の指比は、左手では平均〇・九六、右手では〇・九三だった。予想通りのすごさ。しかも一般男性の右手の値、〇・九八を上回る男は一人もいなかったのです。

女の団員ですが、一般の女の指比（一・〇〇）との差はありませんでした。つまり、音楽の才能というのは男においてこそ意味がある。女が男を選ぶ際に（動物はメスがオスを選ぶ、が基本）、生殖能力などを判断する基準になっているということがこの例からもうかがえるのです。ちなみに女の指において、相対的に人差し指を長くしているのは、胎児期のエストロゲン（女性ホルモンのうちいくつかの総称）。そのレヴェルが高いほど相対的に人差し指が長くなる。エストロゲンはテストステロンとは逆に、左脳を発達させ、右脳の発達を抑えます。

マニングらとは別に、ケンブリッジ大のJ・M・コーツらが研究したのが、冒頭で紹介した、株のトレーダーの指比です。トレーダーと言っても、この会社は将来伸びそうだから今のうちに投資しておこうなどという悠長なものではなく、「ノイズ」とか「高頻度トレーディング」と言われる分野。刻々と変化する株価に対して、とっさの判断で「売る」か「買う」かを決め、その差額でもって利益を得ようという人々です。数秒単位、数分単位の仕事で、リスクを恐れないこと、集中力や瞬時の判断、素早い肉体的反応がものを言い、まるでスポーツのようだな、ゴール前のサッカー選手みたいだ、と思ったら、コーツらも「ネット際のテニスプレーヤーみたいに」と表現していました。

この研究によると四四人のトレーダー（すべて男）は、その指比（右手について）が低いほど、長年この仕事を続けている。この仕事に向いている、あるいはこの業界で生き残っているということでしょう。また経験年数を問わず、指比の低いグループ（平均で〇・九三二）、中くらいのグループ（同じく〇・九五六）、高いグループ（同じく〇・九八八）に分けると、低いグループの平均年収は高いグループと一ケタ違う。前者は六七万九六八〇ポンド（一ポンドを一四〇円とすると、約九五〇〇万円）に対し、後者は六万一三二〇ポンド（約八六〇万円）だった。そして中くらいのグループでは一七万三一六〇ポンド（約二四〇〇万円）だったのです。

結婚指輪の警告

そう言えば、「うぃっしゅ」ポーズが楽にできるのに、中指と小指を折って他の指を立たせようとすると、薬指が全然動いてくれませんでしたよね。

マニングが指摘していますが、こういうふうに薬指が動かしづらいということから推測できるのは、薬指というのは何か機能があるというよりは、飾りの指。他人に見せるための指だということです。特に男において何を見せるかはもうおわかりですよね。生殖器の出来具合と胎児期のテストステロン・レヴェルの高さ。ということは現在の生殖能力のほどである。

そして毛深い人でないとはっきりとわかりませんが、薬指をよく見ると他の指よりも多くの毛が生えています。それもまた、見せる指だからでしょう。

薬指が飾りの指、見せるための指だとすれば、結婚指輪を左手薬指にはめることの意味がわかってきます。

女が「あっ、素敵」と男の薬指に目をやると、そこには別の女からの警告の印が存在する。右手ではなく左手なのは、おそらく右利きの人の方が圧倒的なので、何かの作業をする際、邪魔にならない方の手に、ということなのでしょう。

女は男の指を見て彼の生殖器の出来具合、生殖能力のほどを見抜いています。

さらに、スポーツマンやミュージシャンはモテますが、それは彼らがテストステロン・レヴェルが高くて生殖能力が高いから。それがスポーツや音楽の才能を通じて表れている。女は直接指を見なくても、それらの能力を手がかりに生殖能力の高い男を選んでいるということになります。指にはまた、その動かぬ証拠が表れていて、マニングらの研究によれば指比の低い男は、精子の数が多く、質もよいことがわかっています。

第3章　ハゲの発するメッセージ——テストステロンの話

ハゲ人生……案外いいかも？

「ハゲのおやじはスケベそうでイヤだあ〜」

まあ、言うのはタダなんだから、どうぞご自由に。でも、「スケベ」とは子孫を残すことに極めて熱心であるということ。動物として何ら恥ずべきことではありません。そして若い女の子の直感というのは、どうしてなんでしょう、いつもながらズバリ本質を突いています。

男の頭髪が少なくなるのは、男性ホルモンの代表格であるテストステロンが関係していて、もう少し言うなら、一歩進んだジヒドロテストステロンという物質の仕業です。テストステロンに水素が付いて還元された物質で、こちらの方が男性ホルモンとして、はるかに強い作用を及ぼす。男の胎児がお母さんのお腹のなかで、自分の睾丸からガンガン、テストステロンを放出して、自分の体を形づくっていく時にも、主にジヒドロテストステロンの方が働いています（ちなみにテストステロン・レヴェルが高いと、概ねジヒドロテストステロンも高い傾向があると言っていいと思います）。

飲む育毛剤として日本でも認可された「プロペシア」はこの、テストステロンからジヒドロテストステロンへ至る経路を狙い撃ちするもので、テストステロンをジヒドロテストステロンに変える際に働く酵素を阻害する。まさに本丸の直前でストップをかけるというわけです（そのせいか、服用するには処方箋が必要で、一ヵ月七千円ほどもするとのこと）。

ちなみに、ある男性研究者は頭髪が薄くなると「年齢が実年齢より高く見えるから、男の間での地位が高まるという利点がある」とその効用を説いています。確かに多少はその効果はあるでしょう。でもそれならばなぜ、プロペシアに月数千円、頭皮につける育毛剤と合わせるなら、月に一万円以上もの大枚をはたく男がいるのかが説明されません。やはりハゲは女に敬遠されるという観点で議論しないとダメで、この件について私は『男と女の進化論』（新潮文庫）で論じています。よろしければ参照を。

そして！　ハゲの皆さん。朗報があります。ハゲの男は病気に強い。それも命に関わるような病気です。

胃ガン、結核に強い

ハゲている人は胃ガンになりにくい。この件について研究したのは久留米大学医学部の柿添建二さんという医師です。昔から医療関係者の世界にあった、「ハゲに胃ガンなし」なる言い伝えを、本気で検証してみたのです。

まず一九五二年五月から六九年一月までの間に、福岡県久留米市の脇坂外科に入院し、手術した胃ガン患者について調べる。とはいえ、手術後だと投薬の影響が出るかもしれないので、入院直後にです。

男六六三人（二一〜八六歳）、女三三八人（一九〜八五歳）の計一〇〇一人のデータなのですが、女についてはハゲは皆無だった。女も歳をとると頭のてっぺんが多少薄くなるものですが、それでもハゲはなし。そして男の場合、結果は一目瞭然だった。

男の胃ガン患者に占めるハゲの割合と、対照群である、胃ガン患者ではない男（七〇八二人）に出現するハゲの割合を調べると、胃ガングループでは、たとえば四〇代であるにも拘らず、ハゲは一人もいなかった。五〇代でもたった二・三％しかいない。

対照群では四〇代ではハゲが八・六％、五〇代では一四・三％だったのです。

こうしてみると、「ハゲに胃ガンなし」というよりは、「胃ガンにハゲなし」と言うべきだったのですが。

なぜ胃ガン患者にハゲが少ないのか？　実は女性ホルモンのいくつかの総称であるエストロゲンには胃ガンについての発ガン性があるらしいのです。つまるところ男の胃ガン患者はテストステロン・レヴェルが低く、相対的にエストロゲン・レヴェルが高いために胃ガンを発症したが、そもそもテストステロン・レヴェルが低いのだから、ハゲにくい。そう考えることができるかもしれません。

男性ホルモンは男だけのもの、女性ホルモンは女だけのものというわけではありません。男も女性ホルモンを、女も男性ホルモンを作り出している。たとえば男性ホルモンは、男では睾丸と副腎で、女では、卵巣と副腎でつくられる。そのレヴェルや感受性などが、男女の間、そして個人間で違うのです。

ハゲの効用は、それだけではありません。結核に強い、気管支ガン、肺気腫になりにくいこともわかった。ただし、てっぺんハゲの人は心臓病にご用心です。

今挙げた病気の多くは、ガンのように中年以降、子どもを作り終えている年代に多い病気ですが、例外なのが結核です。

結核は昨今のニュースでもちらほら聞くように、若い人が罹《かか》りやすい。ということはこの病気に弱いと子孫を残さないままこの世を去ることがしばしばです。つまり、もし仮にハゲ（将来ハゲる若者）が結核に弱いとしたら、この性質は次代に残りにくく、ハゲの人は今、この世の中にあまり存在してないはずです。でも、現実にはハゲは非常に多い。このようにハゲが結核に強い傾向にあるために今日ハゲという遺伝的性質は広く残ることになったのではないでしょうか（ハゲが結核に強いということは、札幌鉄道病院の高島巌氏らの研究によってわかりました）。

そうしてみると、ヨーロッパなどにハゲが多いのは、かの地でかつて結核の流行が相当深刻だったのではないかと逆に推測できるかもしれません。

フランスのロレアル研究所の研究者によるハゲについての論文を見てみると、日本で一般的な「緒方の分類」とは違う観点で分類されています。緒方の分類は生え際の後退の仕方（M字とかO形とか）と、てっぺんハゲの有無、さらにはそれぞれの進行の度合いも加えた組みあわせによって分類されるのですが、フランスでは、「後退」はハゲとみなされていない。あまりにもハゲが多いからでしょう。アデランス「世界の成人男性における薄毛調査」の結果によると、日本（東京）を一とした場合、フランス（パリ）は一・五〇。他のヨーロッパ諸国、アメリカでもだいたい一・五〇前後でした。

その「後退」はハゲではないという認識が、本当にそうなんだと得心させられた例を十年くらい前に目撃しました。一九七〇年代に私も含め、日本の女の子を熱狂させた、フレンチ・ポップスの「ポルさま」こと、ミッシェル・ポルナレフです。あれだけ豊かだった長い髪を、今やオールバックにして、てっぺん隠しのために回している。著しく後退はしているのですが、そこはそれ、かの地ではそれはハゲではない。本人はそれでいいと思っているのです。ポルさまは二〇〇七年、フランスで三四年ぶりのツアーに出て話題になりましたが、その際の写真を見ると、オールバックではなく、往年の髪型そのものだった。

ということは……!?

最も男らしい職業

テストステロン・レヴェルが高いとハゲることを覚悟せねばならないのは事実です（もっとも、テストステロンをジヒドロテストステロンに変えるときに働く酵素の活性が低ければなんとかセーフです。ハゲの主たる原因はジヒドロテストステロンだから）。でも、男としての魅力を備えさせてくれたのも、他ならぬテストステロン。特に子どもから大人になる第二次性徴期には、体格を大きく発達させる。睾丸を発達させて精子数を多くし、繁殖能力を高めます。声も低くする。

また、男は子どもから大人になる際、テストステロンによって背が伸びると同時に顔の下半分が伸びて、丸かった顔が面長になる。それが、うんと背の高い人だと極端に現れすぎてしまい、ジャイアント馬場さんとかアントニオ猪木さんとか、アゴが長い。長いとまではいかないけれど、ややアゴ系なのは俳優の阿部寛氏と小栗旬君。阿部氏が一八九センチで、小栗君も一八四センチくらいある。ただ、野球のダルビッシュ有投手は身長一九六センチで、それならアゴも伸びるはずが、むしろ小顔でバランスがとれていて、彼を見るたびに、どうしてなんだと思ってしまいます。

こういった男性的成長の先には、何が待っているか——。言うまでもないこと、彼らはモテるのです。とは言えモテること、男の魅力を数値化するのは難しいですが、少なくとも身長が高いと子の数が多いという研究があります。

テストステロンのレヴェルを調べるには、かつては血液検査が必要でしたが、現在ではだ液をちょっと採取すれば事足りるようになった。おかげで、面白いデータが続々と集まっています。

職業別テストステロン・レヴェルを調べた人たちがいます。アメリカの心理学者、J・M・ダブスらなんですが、彼らは七種類の職業の男性八十六人を調べた。医師（神経科と神経外科）、消防士、NFLのフットボール選手、セールスマン（重土木機械販売）、大学教授（芸術系と理科系）、聖職者（キリスト教長老教会派の牧師）、俳優（舞台俳優）。このうち、テストステロン・レヴェルが一番高かったのは俳優で、聖職者が一番低かった。この場合の聖職者とは、テレビ伝導師がいるような宗派でなくて、静かな礼拝と長い説教をすることで有名な宗派の聖職者でした。

さらに、ダブスらが調べたところによると、重トラック運転手のテストステロン・レヴェルは、軽トラック運転手より二五％高い。広告マネージャーはコンピュータープログラマーよりも四六％高い。自動車セールスマンは高校教師より二四％高い。金融資産マネージャーは、それ以外の金融機関職員よりも二四％高い。肉屋は製図工より二九％高い。建設労働者は、法廷に出るタイプと出ないタイプとをあわせた弁護士のグループよりも二四％高い。

女でもほぼ同じことが言えた。女の弁護士は、女の運動選手、看護婦、教師よりも高い。弁護士のなかでも、実際に法廷に出るタイプと出ないタイプとでは、やはり法廷でやり合うタイプの方が高いのです。

俳優がテストステロン・レヴェルでトップに立ったことについてダブスらは、俳優という職業はいつ仕事を失うかわからず、立場が不安定なので、そのために常に〝戦闘態勢〟にある。よってテストステロン・レヴェルが高いのだと説明していますが、残念ながらその説明には納得がいかない。フリーランスの職業は他にもあって、それらの人たちでもテストステロン・レヴェルが高いという結果が出たならまだしも、なのですが。

要は俳優とは、男としての魅力に満ちあふれた、カッコいい男なのであり、テストステロン・レヴェルが高いのは当然ではないでしょうか（これらの研究について詳しくは『テストステロン』、ジェイムズ・M・ダブス＋メアリー・G・ダブス著、北村美都穂訳、青土社参照）。

テストステロン・レヴェルというのは、実にデリケートで、ちょっとしたことに反応して変化することでも知られています。そこで、これらの研究ではまだ何事も起きていない、朝一番のだ液を採取しているのですが、たとえば、サッカー選手が試合で勝利すると、その直後にアップし、負けるとダウンする。ガッツポーズを決めたり、勝利の雄叫びを上げているときなんか、最高潮に達しているはずです。選手だけでなく、テレビ観戦をしているファンも、選手と同様にテストステロン・レヴェルが変化することがわかっています。

一九九四年のワールド・カップ・サッカーの決勝戦、ブラジル対イタリア戦の際、アメリカのスポーツバーでだ液を採取して調べた研究があるのです。結果はブラジルが最後にペナルティキックを決めて優勝したのですが、その瞬間、ブラジル系男性一二人中一一人が、試合前よりもテストステロン・レヴェルが上がり、イタリア系男性九人全員は試合前よりも下がってしまった。件の株のトレーダーの研究でも、朝一のだ液のテストステロン・レヴェルが測定されていて、それは日によって随分と変化する。そして高かった日ほど株の取引がうまく行き、利鞘《りざや》を稼ぐことに成功する傾向にあることがわかりました。

テストステロン・レヴェルが高いとケンカに強いわけで、そうするとリーダーになりやすい、リーダーは力で他を抑えつけているのではないかと、つい考えてしまいたくなります。でも違う。サバンナモンキー（ベルベットモンキーとも言う）での研究ですが、リーダーオスは、テストステロンよりもセロトニン・レヴェルが高いことがわかった。セロトニンは、自信や落ち着き、冷静さなどの性質に関わっている神経伝達物質です。テストステロンはその反対で、攻撃性やリスクを好む性質に関わる。サルの社会ではメスたちからの支持があることも重要で、そういう穏やかな人格者がリーダーの座につく。人間社会の縮図が、類人猿より前のサルの社会にもう既に現れていることになります。

五〇代で思春期の二分の一に

ここまで主にテストステロン・レヴェルという言葉で説明してきましたが、より正確に言うと自分が作り出すテストステロンやテストステロンから導かれるジヒドロテストステロンの量はもちろんのこと、「アンドロゲン受容体（男性ホルモン受容体）」（テストステロンもジヒドロテストステロンも、どちらもここに結合する）の量、そして受容体の感受性（これも人によって差がある）も重要です。

アンドロゲン受容体の感受性は、アンドロゲン受容体の遺伝子の中にある、シトシン(C)、アデニン（A）、グアニン（G）という三つの塩基の繰り返し回数と関係しています。ＣＡＧの繰り返し回数が少ない人ほど感受性が強く、多い人ほど感受性が弱いことがわかっている。

ＣＡＧはアミノ酸の一種である、グルタミンをコードする遺伝暗号なので、アンドロゲン受容体（タンパク質）の中にはグルタミンが、ＣＡＧの繰り返し回数と同じだけ、ずらずらとつながった部分があることになります。

そしてＣＡＧの繰り返し回数は、男性ホルモンに対する感受性だけに関わる問題ではなかった。何と、飲む育毛剤、プロペシアの効き方にも関わっている！

ハゲ治療の第一人者である佐藤明男さんの研究によると、氏のクリニックで治療を受けた二〇〇人の患者のうち、ＣＡＧの繰り返し回数が少ないか普通の人たち（一七〜二五回。受容体の感受性が強いか、普通の人たち）には、この薬がよく効いた。だいたい八〇〜九〇％の人が中等度から高度に毛が増えた（繰り返し回数が最も少ない、一七回の人々ではほぼ一〇〇％の人が効いた）。

繰り返し回数が少ないと、受容体の感受性が強いのでハゲやすいが、たとえハゲても、この薬が効きやすいというわけです。

一方、繰り返し回数の多い人たち（二六〜三〇回。感受性が弱い人たち）の場合にはどうかというと、あまり改善が見られなかったのです。

感受性が弱いのでハゲにくいが、一旦ハゲると薬が効きにくい……（詳しくは『なぜグリーン車にはハゲが多いのか』、佐藤明男著、幻冬舎新書参照）。

この受容体は体の要所要所の細胞の中にあり、それが男性ホルモンを感知しなければ次の作用につながりません。たとえば、男性ホルモンを分泌できるけれど、受容体の方ができない人がいます。そうすると体が男性化しないという問題が起きる。

男の子と女の子の組み合わせによる二卵性双生児では、女の子はとてもお転婆になることが経験的に知られています。彼女は胎児のときに男の子が出した男性ホルモンの影響を受けてしまう。そのため男性的な振る舞いが増すというのです。

レズビアンも、テストステロン・レヴェルの高い人たちです。しかも、自分は男性役と認める人の方が女性役と認める人よりレヴェルが高い傾向がある。アメリカのラトガース大学のジャネル・トートリーチェらの研究でも、レズビアンの男役の指比の値は小さい。つまり男性型の指をしている。女役の場合、指比は女性異性愛者とほぼ同じでした。結局、男役の女が、女としてはテストステロン・レヴェルが高く、レズビアン全体としてのテストステロン・レヴェルが高いという結果をもたらすのかもしれません。

さらに昔からレズビアンはなぜか高学歴の人が多いと言われていましたが、こういうふうに男役の女のテストステロン・レヴェルが高いとわかった以上、それは、直接レズビアンと関わる問題ではなく、副産物なのかもしれない。テストステロン・レヴェルが高いために負けず嫌いであり、勉強をがんばる。その結果、高学歴になった、と。

テストステロンのレヴェルは、年齢とともに変わっていきます。男では最初のピークが胎児のとき（自分の体を男性化する頃）で、いったん収まり、生後まもなくにもう一回ピークがある。このとき一時的に、赤ん坊なのにニキビが出たりします。そして思春期でまたビヨーンと上がって、一七〜一八歳頃がピーク（これが人生で最もテストステロン・レヴェルが高い時期）、あとは次第に衰えていきます。五〇歳代では、もう思春期の半分ほどしかない。

女における女らしさを司っているのはエストロゲンです。体全体の丸みや、肌の艶《つや》や色白であること、唇の魅力を生み出す。そのエストロゲン（厳密にはエストラジオール）は実は、テストステロンから、わずかワンステップを経るだけで作られています。女は若い頃には、お尻や太腿が立派でも、ウエストは引き締まり、お腹も平らですが、これぞエストロゲンによる作用です。中年以降にお腹が出て、お尻が小さくなり、ウエストのくびれがなくなる。そして声が低くなって、肌の色が黒っぽくなるのはエストロゲン・レヴェルが下がるからなのです。

不思議なことに、エストロゲンやそれに似た物質があるのは人間や他の動物だけではありません。植物や細菌にさえある。でも自分自身の成長のために使っているというよりは、動物対策であるらしい。ヒツジやヤギに食べられる牧草、アルファルファとクローバーはエストロゲンに似た物質をわざと作ります（植物エストロゲン）。彼らに食われることで、それらをエストロゲンの受容体にくっつけ、自身のエストロゲンがくっつかぬよう阻害するらしい。そうしてメスを不妊にし、将来的には自分たちを食う個体数を減らそうとしているという。恐るべき壮大な計画です。

男らしさのダークサイド

テストステロンにあるのは、良い面ばかりではありません。と言うか、そのダークサイドがあることが実はポイントで、ダークサイドとセットになって初めてテストステロンがテストステロンたりうるのです。

生物にとって一番大切なのは免疫力です。つまり病原体と戦う力。ところがその肝心の免疫力を抑制するという作用がテストステロンにはあります。男は生まれる前から、命取りになるかもしれない物質を自分自身で一生懸命、作り出しているのです。

テストステロンをガンガン分泌して男としての魅力をアピールする。すると他方では免疫力を弱めているわけで、病気になっても不思議はない。しかしそれでもそのハンデに打ち勝って元気です、それほど元々の免疫力に余裕がありますよ、ということを示している。実はこれこそが、優れた免疫力があることをウソ偽りなく証明するための唯一の手段であり、アピールされる側にとっても信頼できる情報になるのです。テストステロンに免疫抑制作用があるのはおそらく偶然ではなく、こういう背景があるからこその必然だと思われます。

このあたりの論理は、タバコを吸う行為に共通する点があるかもしれない。体によくないものをわざわざ取り込んで、それでもほら元気だよ、などと。

男が女より長生きできない最大の原因は、高いテストステロン・レヴェルにあることは間違いありません。とすればその元凶を断ち切ればよいはずで、ネコではオスを生後六ヵ月くらいまでに去勢（タマ抜き）すると、平均で三年近く長生きすることが知られています。ネコの三年は大きい。人間なら一〇年以上に相当するでしょう（去勢されたオスは他のオスとケンカしないので、ケンカの際に負ったケガが元で死ぬという要素もないと言える）。ネコではメスも去勢すると長生きしますが、半年程度しか寿命は延びず、オスほど劇的ではありません。

人間では宦官《かんがん》が長生きだということが経験的に知られていますが、残念ながらデータがない。そこで何かよい例はないかと探していたら、カストラートと呼ばれる、一七〜一八世紀にイタリアで全盛を極めた、オペラ歌手について詳しいデータがあることがわかりました。彼らは思春期の前に睾丸を摘出し、ソプラノやソプラノに近い高い声を出すことができた。『ニューグローヴ世界音楽大事典』（柴田南雄、遠山一行総監修、講談社）の「カストラート」の項に登場するカストラートについて、わかった者に限り、寿命を調べてみるとこういう結果が出ました。

《カストラートの名》	（死亡時の年齢）
クレシェンティーニ	八四
ムスタファ	八二
パキアロッティ	八一
ヴェッルーティ	七九

トージ	約七九
セネジーノ	約七九
ファリネッリ	七七
マルケージ	七四
カファレッリ	七二
ヴィットーリ	六九
フェッリ	六九
グアダーニ	約六七
ピストッキ	六六か六七
ミッリコ	六五
ラウッツィーニ	六三
モレスキ	六三
ニコリーニ	五八
テンドゥッチ	約五五

コンティ　四七
シファーチェ　四四
（年齢に「約」とつくのは生年が「〇〇年頃」となっている例。六六か六七というピストッキは生年はわかっているが誕生日がわからない）

いかがでしょう？　皆さんとても長生きと言えます。一七、一八世紀の平均寿命についてはよくわかりませんが、おそらくほぼ全員が平均寿命を上回っているのではないかと思います。

このうち最も有名なカストラートと言われるのはファリネッリで、もしかしたら知っている方もあるかもしれません。テンドゥッチは結婚し、どういうわけか二人の子をもうけた。最も短命なシファーチェには特別な事情があって、彼はある伯爵夫人とねんごろになったものの、それがよく思われなかったのでしょう、彼女の親族が雇った殺し屋によって殺されたのです。ナニはなくとも、機能は果たす……？

実は、テストステロンにこんな悪影響があるということを知る前から、すごく男っぽくてカッコいい俳優さんが、四〇代とか五〇代、まだまだ亡くなる年齢ではないのに、ガンなどであっけなく逝ってしまうことが多いなあと私は思っていました。

松田優作や石原裕次郎、市川雷蔵もです。一九五〇年代に活躍したフランスの俳優、ジェラール・フィリップは三六歳で肝臓ガンで亡くなっている。結局、良くも悪くもテストステロンによって演出された大いなる男の魅力と引き換えということなのかもしれません。若い頃は免疫力がテストステロンによる免疫抑制作用を上回っているものの、それは常に山の稜線を歩くような危うい話。中年以降になると男は普通、テストステロン・レヴェルも免疫力も同様に下がるが、男っぽくてカッコいい俳優さんの場合にはテストステロン・レヴェルが下がらず、免疫力の方だけが下がってしまう。するとバランスが逆転し、病に至るというようなことではないでしょうか。

太く短く生きる。男について言われるこの表現に隠されたキーワードは、ずばりテストステロンです。

テストステロンにこんなダークサイドが存在し、人はなぜそのような運命に翻弄されなければならないのでしょう。一つには、生物というのは個々の個体が幸せで充実した、長生きの人生を送る、というふうにはプログラムされていないということです。あるのは遺伝子のコピーがいかに次代に残っていくかという論理だけ。だから極端な話、超モテ男は、さんざん繁殖したら（その繁殖とは家庭内というより家庭外が中心ですが）、何が何でも長生きする必要はない。そうでない方が遺伝子のコピーを残すうえで有利かもしれない。長生きしても、どのみち家庭外の子は我が子と信じて疑わない男によって扶養されているし、家庭内の子についてはあまりに長生きすると彼らの食い扶持《ぶち》を奪うことになりかねません。

ここでちょっと女の立場になってみて、若い男が二人、ほほえんでいる様子を思い浮かべてみてください。

一方の男は口の周りや目の周りに皺《しわ》ができている。他方は皺がほとんどなくて、ひきつったような表情になっている。誰か身近な人が思い当たるのではないでしょうか。彼らはなぜこうも違うのか？

それは、テストステロンのレヴェルの違いに原因があるのです。前者の、皺がよく寄る方が低く、後者が高い。若い男がこう、ニコッと笑ったときに顔に皺ができると、

「あっ、この人、大丈夫!」みたいにホッとして親しみを覚えるし、優しそうに感じられますよね。それはテストステロン・レヴェルが低いからだったということが、この研究からわかるのです。我々は元々そんなからくりがあるなんて知らないけれど、長い進化の過程でそういう心理を進化させたのです。笑うと皺が寄る男を見たらホッとすることが適応的だから、そのような心理が進化した。また笑っても皺が寄らず、ひきつった表情の男に警戒する。これも適応的(適応的というのは、生存と繁殖のうえで有利、または適しているということ)。何しろその男はテストステロン・レヴェルが高くて、ヘタをすると殴られるかもしれない。よってそのような心理が進化したのです。これまでテストステロン・レヴェルが高いことと男のカッコよさや生殖能力との関連についてお話ししてきましたが、少なくともこの研究では今述べたような結果が出ている。これら、一見相反する話をどう束ねていったらいいかわかりませんが、生物の世界はなかなか一筋縄では行かないと捉えて下さい。今はわからなくてもいずれわかることになるかもしれません。

そういう意味で、前々から不思議だなあと思っていた人物がいて、俳優の玉木宏君です。彼がブレイクする前に、これはすごいぞと思った。何しろ笑うと顔に最大級と言っていいくらい皺が寄る（笑っていなくても口角がすでに上がっている）。ということはテストステロン・レヴェルが低いはず。なのに顔もスタイルも、文句のつけようのないイケメン。指もすごく長くて（ということは……）、声もいい。この点からするとテストステロン・レヴェルは高いはず。両立しないはずの二つの要素が両立している。なぜだ、なぜなんだ、と思っていたら、世の女たちも無意識のうちにその点に気づいたのか、彼を圧倒的に支持し、ＣＭキングの座にまで登りつめさせました。

あれ、あの人が!?

若い頃は俳優かモデル並みにカッコよかったスポーツ選手。女優やモデルとも浮き名を流した。チームメイトにも「筋肉も関節も、肺活量も自分らとは質もレヴェルも全然違う」とうらやましがられていた男が、四〇代になって久々に表舞台に復活。すると、「えー！　いつの間にこんなことになっちゃってたの？」、なんてことはよくあります。男は普通、中年以降にはテストステロン・レヴェルが下がってくる。ところが、そのテストステロンには脂肪を燃やす働きがあるのでお腹まわりを中心に残酷な状態がもたらされるわけです。

環境も一役買っていて、結婚してお腹まわりが緩《ゆる》むと、「女房の手料理、三食きっちり食わされたから」などと言いますが、それはあまり関係がない。男は結婚すると、テストステロン・レヴェルが下がる傾向があるのです。

アメリカの空軍の士官を対象にした研究によると、テストステロン・レヴェルは結婚すると下がり、離婚した場合には元のレヴェルに戻る。そもそも、テストステロンは攻撃や争い、特に女を巡って他の男と争うという行動に関係しています。だから女を手に入れたなら下がるのであり、また「争いの場」に出るとなれば戻るのです。

それに、男が女を結婚という形、同居という形で手に入れると、少なくとも夜は彼女をガードしている。その場合、他の男の精子によって彼女の卵が受精させられる危険がなく、それほど頻繁にセックスする必要がない。もしそういう可能性があったなら、自分の精子を大量に送り込んで（いや、その前にまずその男の精子を搔き出して）、他の男の精子で受精することを阻止しなければならないが、それがない。そういう意味でも、テストステロン・レヴェルは下がるかもしれません。結婚すると、急にやる気が失せるという、よく聞く話の背景にはこんな事情もあると思います。

ともかくそんなわけでテストステロン・レヴェルは一回結婚してずっと離婚もせず、妻一筋という人が一番低いことになるし、そもそもテストステロン・レヴェルが高い男は離婚をしやすいという傾向も現れています。

離婚というのは社会の通念からすると、よくないことのように思われがちですが、動物の行動としてみるならば、重要な意味がある。相手を変えてまた繁殖することであり、子に遺伝的なヴァリエーションをつけることであるから。つまりは、後で詳しく説明しますが、子に免疫の型のヴァリエーションをつけることで、何らかの伝染病が流行したときに、全滅を免れることができるだろうという、生命の存続、遺伝子の存続にも関わる問題です。

我々に愛と憎しみ、生と死、悲しみと喜びをもたらす物質。それがテストステロンなのです。

第4章　「選ばれし者」を測ってみると——シンメトリーの話

体が左右対称な男

オスとメスがそれぞれの戦略を繰り出しあっているなかで、結局どういうオスが選ばれているのか。その研究が行き着いた先の一つが、シンメトリーな男（オス）ほどモテるということでした。

シンメトリー、体がいかに左右対称かということです。私たちの体には、耳や目、手足をはじめとして、対になっている部位が幾つもあります。対なのだから、左右対称、長さや幅は同じに発達すべきなのですが、遺伝や環境の影響を受けて、なかなか完全なシンメトリーには仕上げられていません。両手を合わせてみると、指の長さが少しずつ違うのがおわかりでしょう。

そのずれには個体差があり、よりシンメトリーな個体ほど、環境からのストレスを受けていない、あるいは受けてもそれによく対抗する力を持っていると考えられるのです。環境からのストレスの最たるものは、バクテリア、ウィルス、寄生虫といった寄生者《パラサイト》で、それらに対抗する力、つまり免疫力が体の部位の左右対称さに一番影響を与えることになります。免疫力が低ければ、成長する過程でバクテリア、ウィルス、寄生虫にやられやすく、身体の左右対称な発達に影響が出るというわけです。

そんなわけで体の部位がいかに左右対称かということが免疫力の客観的な「物差し」になりうることがわかってきたのです。

とは言うものの、みなさんによく覚えておいていただきたいのは、その「物差し」というのは、この分野の研究者が利用しているだけであり、メスが実際にオスの左右の手首の幅が何ミリ違う、右の耳が左より三ミリ幅が大きいなどというようにちゃんと見極めようとしているわけではないということです。人間にしても、目で判断することはできない。しかし、実際に体のいくつかの部位の左右の違いを測ってみると、シンメトリーなオスほど本当にメスからの引き合いが多いことがわかった。結局のところメスは何らかの性質や特徴を手がかりにシンメトリーなオスを、ひいては免疫力の高いオスを選んでいるらしい。結論から言ってしまうと、その手がかりとなるものこそが魅力であり、羽の美しさ、声の良さ、匂いの良さといったものなのです。

ここではまず、寄生者《パラサイト》によってこんなにも動物は影響を受けるのか、という例を紹介することから始めます。ランディ・ソーンヒルという研究者が、一九八〇年代後半にセキショクヤケイというニワトリの祖先種を使って行なった実験です。この鳥は、赤や黄、黒といった色とりどりの羽や飾り羽で被われ、とさかや肉垂《にくすい》（あごの下のとさか状のもの）が気味悪いくらいに赤く鮮烈なのが特徴です。

彼はアメリカ・ニューメキシコ州の自宅の庭で六〇〇羽ものセキショクヤケイを飼っており、一部のヒナには回虫の卵が入った食事をとらせました。彼らが成長したとき、回虫を入れられなかった連中と比べ、メスに対するモテ方はどうなるか。

回虫組はやはり、さっぱりモテませんでした。羽色やとさかの状態が悪く、メスに見向きもされなかったのです。

彼はこの研究でまずパラサイト仮説なるものを検証したのです。パラサイト仮説というのは一九八二年（奇《く》しくもダーウィン没後一〇〇年にあたる）、W・D・ハミルトン（第2章でお話しした、あの血縁淘汰という革命的概念を世に出した）が、弟子のマーレーン・ズックと組んで提出したもの。メスは寄生者《パラサイト》に強いオス（免疫力の高いオス）を選ぶというのです。何でもない考えに聞こえますが、寄生者《パラサイト》というのは、次々と突然変異を起こして攻撃の方法を変えてくる（インフルエンザウィルスは毎年、微妙に型を変えて我々を襲うし、二〇〇九年にはこうした季節性インフルエンザとは別の、新型インフルエンザも登場したという現象を考えてもらえばわかると思います）。我々を始めとして宿主となる動物（植物もですが）との戦いにおいてその攻撃の手をゆるめることはなく、争いに終わりはない。その点がポイントです。

ソーンヒルが次に取りかかったのがシンメトリーの研究で、私がこのテーマに触れたのは、忘れもしない一九九一年でした。彼がその年に京都で開かれる国際動物行動学会議に出席するために来日し、研究も行ないながら三ヵ月ほど滞在したのです。

春から夏にかけてオスが、森林の葉っぱの上で尖《とが》った尻尾の先をサソリみたいに反らせ、匂い（フェロモン）を放ってメスを呼ぶ、シリアゲムシ。その日本のものを研究する。しかもシンメトリーについての研究でした。野外での研究を終え、私がかつて在籍していた京都大学の日高敏隆研究室にやってきたのですが、超一流の学者とはこういうものか、とそれはそれは興味深い横顔を見せたのです。彼の調査熱は、野外研究の場とした愛知県立芸術大学のキャンパス内のシリアゲムシのみならず、人間のメスの野外、いや屋内研究にまで及んで……！　その衰えを知らぬエネルギーは、帰国するや否《いな》や、日本での研究を論文三本にまとめて発表するほどでした。

メラーのツバメ実験

シンメトリーというテーマに最初に注目したのは、このソーンヒルとデンマーク出身の鳥類学者、A・P・メラーです。メラーは現在でも年間の発表論文が一〇〇本なんていう、信じ難いほどのパワーの持ち主ですが、一躍注目を浴びることになったのは、ツバメの尾羽《おばね》の研究でした。

ツバメのオスは、メスに比べて長く、特徴的な尾羽を持っています。ここで言う尾羽とは、尾羽の最も外側の、針金のようにピンと伸びた部分のこと。メスの尾羽は九センチくらいですが、オスのそれは一〇〜一一センチか、もっと長くなる。

彼はまず、こんな研究をしています。

アフリカの越冬地から戻ってきて縄張りをかまえたばかりで、まだメスを得るに至っていないオスを多数捕まえた。

そうして一部のオスの尾羽を途中で二センチほど切り出し、残りを接着剤でくっつけ、尾羽を短くするという細工をする。その切り出した二センチをどうするかと言えば、別のオスたちの尾羽の途中を切断し、間に入れて、やはり接着剤でくっつけ、尾羽を長くする。

そしてまた別のオスたちには、二センチほど切り出すが、それを元通りに接着剤でくっつけ、尾羽を切ることは切るが長さを変えないという細工をする。

こうして尾羽の長いグループ、短いグループ、普通のグループをつくり、メスに対するモテ方を調べるのです。

すると、人工的であるにせよ、尾羽の長いグループはモテモテで、元の縄張りに戻されると、その日のうちか、せいぜい二〜三日で相手が見つかる。

普通の長さのオスは一週間くらいです。でも、短いオスは一週間たっても相手が見つからないという者が大半で、二週間はかかる。それならまだいい方で、相手は見つからずじまいの者さえいました。

浮気の場合となると話はもっとシビアーです。メスの元には尾羽の長いオスも、普通のオスも、短いオスも、等しくやって来る。でも、メスが受け入れるのは尾羽の長いオスだけ。しかも、自分の亭主がどんなオスかによって行動がまるで違うのです。

尾羽の長いオスを亭主にしているメスは、一切浮気の誘いに応じない。尾羽の長いオスであっても、です。

尾羽の長さが普通のオスを亭主にしているメスは、たまに浮気をする。尾羽の長いオス、五〜六羽につき一回くらい。

そして尾羽の短いオスを亭主にしているメスは、尾羽が長いオスがやって来たなら、必ず、逃さず、浮気をする……。

尾羽の長さとダニの関係

ツバメが成長し、生きていくうえで最も困り者の相手といえは、巣にはびこるダニです。ツバメの巣には、よく見ると実は何十匹というダニがゴソゴソと蠢《うごめ》いているのです。セキショクヤケイの場合の回虫のように、ダニの存在がツバメのヒナの成長を妨げることはもちろんですが、成長した後には尾羽の伸びに何か影響を及ぼしはしないだろうか、とメラーは考えた。

繁殖期の初めの頃の、毎日巣に卵が産み込まれていく時期に、メラーは巣に三つの違う条件を与えてみました。

一つはダニを五〇匹ほど加えるというもの。五〇匹という数は、自然状態でこの時期の巣に見つかるダニの数としてほぼ最大です。二つめは何もしない対照群《コントロール》、そして殺虫剤を噴霧し、ダニを完全に駆除してしまうというグループです。

ダニを与えられた巣ではその数は日ごとにどんどん増え、ついには数百匹にもなりました。ダニを加えられていない巣でも元々いたダニが増え、数十匹から一〇〇匹くらいになる。しかしダニを駆除された巣ではせいぜい数匹くらいにしかなりませんでした。

さて、ダニの影響が現れるとしたら、翌年の繁殖期です。何しろ尾羽は次の繁殖期に備え、毎年冬の間に生え換わるし、オスのヒナたちは人生初のオスとしての尾羽を伸ばすのだから。彼らが越冬地から戻り、繁殖期を迎えた時、どんな違いが現れたか。

ダニをしこたま放り込まれた巣のオスたちは案の定、尾羽の伸びがすっかり抑えられていました。対照群と比べ、三〜四ミリも短かったのです。殺虫剤でダニを駆除された巣のオスたちは、やはり伸びがいい。対照群より平均で四ミリも長くなっていました。ところがここで興味深いのは、メスの尾羽の伸びで、不思議なことに違いが現れなかった。ダニを放り込まれようが、駆除されようが、メスにとってそれはほとんど関係ないようなのです。

この実験からわかるのは、ツバメのオスの長い尾羽は、彼がダニに対して強いことを如実に物語っているということ。ダニを寄せ付けていない証、あるいは仮に寄せつけたとしてもそれに打ち勝ち立派に尾羽を伸ばすことができた、その確たる証明なのです。そして言うまでもなく、尾羽の長いオスがモテるわけです。

フェロモンを頼る

メスは、何を手がかりによりシンメトリーなオスを選んでいるのか。それが最も劇的にわかるのは前述のシリアゲムシの実験です。

彼らは翅《はね》を二対持っていますが、左右の前翅《ぜんし》の長さをデジタルカリパスで測って、ほぼ差がなく、とてもシンメトリーな個体群と、そうでない個体群に分けます。前者の場合、差が全くないか、あってもせいぜい〇・一五ミリほど。後者は最低でも〇・一八ミリ、最大で一・一一ミリもの差がある。両グループのオスをそれぞれ二五匹ずつ、計五〇匹用意します。そして、シリアゲムシどうしは姿を見ることはできないが、匂いを感じることができる仕組みで三部屋を繋げた装置を作り、両端の部屋にオスを一匹ずつ入れる。真ん中の部屋にはメスを一匹入れ、三〇分置いて、彼女がどちらのオスに行くかを見極めます。時間内にどちらにも行かなければ、その試みは無効とする。

もっとも、シリアゲムシが匂いではなく、どちらかの方向を好む性質があったりするとまずいので、装置を置く向きを一八〇度変えてまた同じ実験をします。

まず一回目のトライアルで計二五回実験をしたところ、うち二一回、シンメトリーなオスの方へメスが向かって行ったという結果が出ました。残り四回のうち、二回はシンメトリーではない方のオスへ、二回はどちらとも決めかねて動かなかった。けれども、これで、統計的にも十分シンメトリーなオスの方を選んでいると言うことができます。

装置の方向を一八〇度変えた、二回目のトライアルでは、二五回のうち二三回も、シンメトリーな方へ行きました。

メスには相手の姿が見えていない。どうやって判別するかというと、当然匂いを手がかりにしているだろうと考えられます。そこで、シリアゲムシの身体にあるフェロモンの分泌腺を接着剤でふさぐ処置をして、もう一度実験を繰り返します（ちなみに、以前は蜜蠟《みつろう》を使っていたが、日本で研究した際にはアロンアルファを使ったと、ソーンヒルはわざわざ論文に書いている）。そうすると匂いの手がかりのないメスは、すっかり迷ってしまい、一回目のトライアルではシンメトリーなオスの方へは二五回中一四回、二回目のトライアルでは二五回中一二回、とランダムな結果になりました。こうして、彼らが手がかりにしているものの正体がはっきりした。

ソーンヒルはダメ押しとして、こんな実験をします。左右の差が〇・一ミリ以内というものすごくシンメトリーで、実は「エリート」なオスを三四匹用意し、うち一七匹は左の翅を一ミリ切って、あえてシンメトリーではないオスにする。残る一七匹も同じく左の翅を切るが、〇・一ミリだけで左右の差はそれほどない。彼らは翅を切られてはいるが、分泌するフェロモンは変わらない。さあ、どうなるか？

結果は、翅の切り方とは関係なく、本来のよりシンメトリーなオスをメスは選んだのです。

どうして、フェロモンからシンメトリーとその背景にある免疫力がわかるのか。ソーンヒルによれば、昆虫のフェロモンは食物に由来するところが大きい。そのオスが何を食べているかによって微妙に違ってくる。シンメトリーなオスはエサの奪い合いに勝ち、食べ物には困っていない。おそらくいいものを食べていて、それを反映するフェロモンを発しているのだろう。そして、フェロモンはオスの遺伝情報をも反映するので、その場合にも遺伝的に優れていることが、メスにとってのよい匂いとなって発せられているはずなのです。

そうすると、他の動物はどうやってシンメトリーを〝見ている〟のか。

クジャクのメスは、目玉模様の数の多いオスを選んでいることがわかっています。そして驚いたことに、目玉模様の数が多いほど、何とそれらの配置もシンメトリーなのです（数が多いとシンメトリーに配置するのは難しいだろうに！）。

ツバメのメスは、尾羽の長いオスが好き。そして何と尾羽が長い場合ほど、左右の尾羽の長さに違いが少なく、よりシンメトリーなのです（長く伸ばせば伸ばすほど、より差が現れそうですが、そうではない！）。彼女たちはちゃんと、その識別法を知っているのです。

声のいい男を探せ

では、人間の場合はどうか。人間の体でシンメトリーを測る部位は、足、足首、手、手首、肘、それぞれの幅、耳の長さと幅、などですが、これまでの研究でシンメトリーと最も強い相関が出たと思われるのは声の良さです。声の良さは、免疫力が高い男を選ぶうえで一番有力な情報の一つだと言えます。

アメリカ、ニューヨーク州立大学のS・M・ヒューズらは、同大学の学生を被験者にして、こんな研究を行いました。

まず体の測定。人差し指から小指までのそれぞれの指の長さ、肘の幅、手の最も幅の広い部分の幅、手首の幅、という七つの測定部位について、左右二回ずつ測定し、平均値を出す（〇・〇一ミリメートルの単位まで測定）。

一方で声の録音をするのですが、文章とか会話ではなく、淡々と一から一〇までの数を言ってもらう。

こういう研究では、研究対象としてふさわしくないサンプルもおり、たとえば体の測定については、過去にその部位を骨折したことがあるとか、この六ヵ月以内に捻挫をしたとかいう人は除く。声については、喫煙の習慣のある人であったり、当日カゼをひいていたり、体調のよくない人、鼻が折れたことのある人や喉《のど》などの手術歴のある人、英語が母国語ではない人も除く。こうして一〇人がはずされ、被験者は男五〇人、女四六人となりました。

声の良さの評価については、男女だいたい同数くらいで計一五人内外の人物が行います。一から五までの五段階評価（五が最も良い）を下すのですが、評価者が声の主を、「ああ、これは〇〇さんだ」などと知っていると主観が入るので除きます。

また男と女で声の評価の傾向に違いがあると非常にまずいのですが、そういうことはなかった。男にとって女の良い声は、女にとっても良い声。男にとって男の良い声は、女にとっても良い声だったのです。

各被験者についてはまず、一五人の声の評者による、声の魅力の点数の平均を出す。

そして体のシンメトリーは、七つの測定部位の左右の差を元に、総合的なシンメトリーの値を導き、それと声の評価との間に相関が出るかどうかを検討します。

具体的な例を出すと、たとえば声の評価が四・〇前後にある、最も評価が高い七人についてみると、総合的なシンメトリーの値は、左右の値の差が一〜三パーセントくらいの範囲に入る。

片や、声の評価の平均が二・〇前後にある九人についてみると、総合的なシンメトリー値は、左右の値の差が二〜四パーセントくらいの範囲に入りました。

統計的な検討をしてみても、声の良さと体のシンメトリーとの間には強い相関がみられました。また、この研究では、男と女をいっしょにしたデータで相関が出ていて、女にも声の良さという、シンメトリーの手がかりになるものがあるとわかった珍しい例です。

考えてもみれば、歌舞伎役者に送る最大の賛辞は、「顔良し、声良し、姿良し」で、声が重要視される。あのD・ベッカムも、いい男だと思ったのに、しゃべったら声がかん高くてたちまちガックリきたという人が多かった。声はルックス以上に大事かもしれません。

この研究では結論として、かつて人間は夜の暗闇の中で、相手選び（特に女が男を）をしていた。そういう過程を通じて声が相手の男の質、主に免疫力を見抜くための最大の情報になったのだろうと議論されています。

男でシンメトリーと相関があり、女がその手がかりとするのはこの他に、顔の良さ、ケンカの強さ、匂いのよさ（というか臭くない）、筋肉質の体であること、ＩＱが高い、などであることが、実際の研究によってわかっています。さらに私の予想としては、シンメトリーな男は、スポーツが得意、音楽の才能がある、歌がうまい、楽器の演奏がうまい、話が面白い、社交的、女の扱いがうまい、車やバイクの運転が巧み、等々があえると思います。声の良さについては拙著『シンメトリーな男』の単行本の刊行時にはまだ研究されていなくて、私は予想の一つに入れておいたのですが、ちょっと自慢すると今紹介したようにその後の研究で見事に、実証されたというわけです。それが二〇〇二年。まあ、声が重要なことくらい、誰が考えてもわかりますけど。

不思議な三すくみ

こうして見てくるならば、テストステロン・レヴェル、男の魅力、シンメトリー（免疫力）という三つの要素は、三つでセット、それも不思議な三すくみのような状態になっているような気がします。テストステロンは男を魅力的にする一方で免疫力を抑制するわけだが、魅力的な男は体もシンメトリーなわけで免疫力が高い……とクルクル回る。そして先程も述べましたが、尾羽の長いツバメのオスは、尾羽の長さ自体、左右で違いが少ないのです。長く伸ばせば違いが大きくなるはずなのに、小さい。クジャクの場合は目玉模様の数が多いオスほどメスに選ばれますが、それらのオスほど「目玉」の配置もシンメトリーになっていることがわかっている。難しいことに挑み、なおかつそれをより正確にやり遂げているという点に意味があるようです。

さらに人間の男では、シンメトリーな男は、精子の質がよく、数も多いということがわかっていて、そうしてみるなら先の三すくみは生殖能力と精子競争力も含めた問題になります。シンメトリーな男はまた、童貞を失うのが早い、浮気相手として人妻からよくオファーがかかる、女を効果的にイカせるなどの傾向があります（詳しくは『シンメトリーな男』文春文庫参照)。

さて、男のシンメトリーについて述べてきましたが、女ではどうなのか。

今のところ女でシンメトリーとの相関があるのは、まず声ですが、おっぱいがシンメトリーな女ほど子の数が多いというものがある。そして二〇〇六年、ポーランドのG・ヤシェンスカ(女性です)らが、指の長さに注目し、左右の指の長さの違いが少ない、シンメトリーな女ほど排卵期のエストラジオールのレヴェルが高い、つまりは生殖能力が高くて妊娠しやすいであろうという研究をしています。美人は匂いがいいというのもありますが、それくらいに留まっている。やはり人間も動物である以上、女が男を厳しく選ぶという原則の内にあり、女はあまり質を問われないということなのです。

男は気の毒な存在です。ありとあらゆる手段で鑑定される。

しかも、女が男を選ぶ際、選ばれる側の男の年齢はと言えば、普通十代後半から二十代、せいぜい三十代にかけてです。この時期に発する声やルックスの良さで、「この男との間に子どもを産んだらどうか」と判定されることになる。だからなのでしょう、若いときほど男の質の差がよりわかりやすく現れるのです。「彼、カッコいいなあ」と思っていた男に、四〇代、五〇代になって同窓会で再会してみたとする。「ウソ、あの〇〇もただのオヤジじゃん！」と他の普通の男との差が縮まっていたりしませんか？

第5章　いい匂いは信じられる——HLAの話

血液型は免疫の型

ここまでは指比や男としての魅力など、体の外側に出ている遺伝的な質の良さを物語るもの、その「物差し」となるものについてお話ししてきました。最後に一つ、繁殖において、実は非常に大きな影響を与えている、見えない要素についてお話ししていきます。

ＨＬＡという言葉をお聞きになったことがあるでしょうか。Human Leukocyte Antigen（ヒト白血球抗原）の略で、白血球をはじめとするあらゆる細胞の表面にある抗原（タンパク質）です。たとえば、ある人の肝臓の細胞の表面にあるＨＬＡと、腸の細胞の表面にあるそれは全く同じ。体中にその人に固有の旗印が隈なく立てられているとイメージすればよいかと思います。他の動物にもＨＬＡに相当するものがあり、その場合にはＭＨＣ（Major Histocompatibility Complex）、主要組織適合複合体と呼ばれています。

免疫というのは、このような旗印を利用したシステムです。体内に侵入してきた病原体に対して「自分の印が存在しない。ということはこれは侵入者だ」と判断し、免疫の作用に関わっている細胞が攻撃、撃退するのです。

ＨＬＡは、臓器移植で「型が合うかどうか」という話として登場します。もう少し詳しく言うと、ＨＬＡは六つの遺伝子のセットからできている。Ａ、Ｂ、Ｃ、ＤＲ、ＤＱ、ＤＰ。それぞれに実に様々な種類があって臓器移植の際の「適合する、しない」はＨＬＡの遺伝子の型が合うか合わないかの問題なのです。

その、型が合う合わないの問題があるはずの、Ａ、Ｂ、Ｃ、ＤＲ、ＤＱ、ＤＰ、それぞれには、調べれば調べるほど、次々と新しい型が見つかってしまう。少なくとも臓器移植という点からは困った問題です。またＨＬＡが免疫の型である以上、型によって病気や病原体に対する得意、不得意がある。たとえばＤＲ４という型を少なくとも一つ持った人は、対照群《コントロール》と比べて１型糖尿病に六倍以上かかりやすいし、ＤＲ５だと同じく悪性貧血に五倍以上なりやすいことがわかっています。

さらに、ＡＢＯ式血液型も免疫の型なので、型によって病気、病原体に対する得手、不得手があります。

ということは、血液型によって行動に違いが現れたとしても不思議はないのではないでしょうか。O型は梅毒に滅法強いのですが、そうとなればO型の男は梅毒を恐れるよりは、どんどん女と交わって子をつくる方が得策で、そんなことからO型は社交的な性質を持つ傾向にあると言えるかもしれない。AB型は逆に梅毒に弱いのですが、それならAB型の男は女とあまり接触しない方がよい。そうしてAB型は非社交的な性質を持つ傾向にあるのかもしれない。詳しいことは拙著『小さな悪魔の背中の窪み』(新潮文庫、単行本は一九九四年刊)を参照して下さい。

血液型と性格の関連については「科学的に否定」されていると言われていますが、それは心理学の分野で主張されていること。その際、血液型が免疫の型で、病原体に対する抵抗力に違いがあるという観点は一切取り入れられていません。しかし最近、医学の分野で血液型と性格について論ずるという勇気ある人物が現れました。カイチュウ博士こと藤田紘一郎氏で、O型が梅毒に強いということから、O型の社交性を説明するという、私とよく似た論を展開しています。詳しくは『パラサイト式血液型診断』(藤田紘一郎著、新潮選書、二〇〇六年刊)参照。

ＨＬＡの遺伝子がなぜ六つあるのか、その間でどう役割が違うのかということはまだわかっていません。ただＡＢＯ式血液型なら、両親から受け継ぐ遺伝子にはＡ、Ｂ、Ｏの三種類しかないのに対し、ＨＬＡの場合には、六つの遺伝子のそれぞれに、数え切れないほどのヴァリエーションがあることが実は重要なのです。

六つの遺伝子は染色体上の互いに非常に近いところにあります。減数分裂によって生殖細胞がつくられる際に、染色体の何ヵ所かに切れ目が入り、対になった染色体の互いに対応する部分を交換するという「交差」という過程があります。もし同じ染色体上で互いに遠い位置にある遺伝子どうしなら、お互いの間のどこかに切れ目が入り、以後別々の染色体に乗るという可能性が高い。しかしＨＬＡの六つの遺伝子は染色体上の非常に近い所に位置するので、この六つの間のどこかに切れ目が入り、交差が起きるということはまずない。だからこのまま一つのセットとして次の世代に伝わるという特殊な性質があります。

ある人間のＨＬＡの遺伝子は両親からそれぞれ一セットずつ譲り受けます。仮に父親のＨＬＡのそれぞれのセットをα、β、母親のそれぞれはγ、δとする。すると子としては

$\alpha\gamma$、$\alpha\delta$、$\beta\gamma$、$\beta\delta$の四種類の組み合わせのどれか一つを持っていることになります。

この結果をよく見ると、親子間では必ず片方のセットが一致します(当たり前と言えば、当たり前ですが)。しかしキョウダイ間ではそうではない。キョウダイでは各人、四種類のうちどれか一つの組み合わせを持っているので、完全に一致する場合もあれば、半分だけ一致する場合、そして全く一致しない場合もある。骨髄移植でキョウダイに骨髄液を提供してもらうことがよくありますが、それはこの完全一致した場合が基本です。

歌舞伎の市川團十郎さんが妹の市川紅梅さんから骨髄移植を受け、急性骨髄性白血病を克服されたのは、キョウダイという四分の一の確率でHLAの型が完全一致する存在があり、型も見事に一致した大変喜ばしい例ではないでしょうか(ただ、六つの遺伝子の型はすべて一致しなくても移植できる場合があり、そういう可能性もあります)。もっともドナーを血縁者に頼ることには限界があるので、骨髄バンクが設立され、少しでも多くのドナー登録が募られているわけです。

匂いとHLA

自分の身を病原体から守る。そのために自分と自分以外を見極めるのが免疫のシステムであり、中核をなしているのがHLAの型という情報です。となれば、これは「相手選び」にも当然かかわってくる。ここまでお話ししてきたことからもおわかりのように、どんな相手と交わるかは、どんな免疫力、どんな免疫の型を持った子が生まれるかという問題だからです。

HLAの型については自分とはなるべく違う型を持っている相手を選べば、子孫に型のヴァリエーションが増えます。そうすれば、バクテリア、ウィルス、寄生虫などの寄生者《パラサイト》に対抗するための、手持ちのカードの種類が多いようなもの。また、多くの人が持っている型ならばもう、寄生者《パラサイト》は攻撃方法の開発をしてしまっているかもしれない（たとえばHLAのそれぞれの型の遺伝子の産物であるタンパク質に擬態するとか）。逆に稀なHLAの型なら、敵はまだ攻略の方法を開発する、どころか、そういう珍しい型を持った人間に出会った機会すらないだろうから、開発に着手していないと言える。こうして、ある人間がヴァリエーションに富んだHLAの型を持っていたり、滅多にない稀なHLA

の型を持っていると、当人の免疫力はとても高いだろうと考えられます（もっともＨＬＡの型は免疫力の高さを決めるほんの一因にすぎませんが）。実のところ、寄生者《パラサイト》との攻防の過程を通じてＨＬＡの型は、次から次へと新しいものが現れることになったのでしょう。

となると女が、稀なＨＬＡの型を持った男、自分のＨＬＡの型となるべく違った型を持つ男を何らかの方法で〝見抜こう〟としているであろうことは疑いようがありません。

その方法というのが……匂い。スイス、ベルン大学のＣ・ヴェーデキントらの研究によると、ＨＬＡの型のラインナップが、自分となるべくかけ離れている相手ほどいい匂いだと感じることができるよう進化しているというのです。匂いのよしあしには、このように相対的な側面があり、自分にとってはよい匂いの相手であっても、他の人にとってはよくない場合もあります。

何であんな男に、あんないい女がくっついているんだ、と誰しも首を傾げたくなるような不思議な組み合わせのカップルがいる。それは、ＨＬＡの型という点ではすごく相性がよくて、彼女は彼の匂いにぞっこんということなのかもしれません。ここで言う「いい匂い」というのは、花や香水みたいないという意味ではありません。少なくとも臭くないというレヴェルの話です。

こういう相対的な匂いのよしあしとは別に、誰の鼻にも明らかな、絶対的な匂いのよしあしもあります。前章で、シリアゲムシのオスのフェロモンは食べ物に由来し、オスの遺伝情報も反映しているとお話ししましたが、人間ではどうでしょうか。

人間の男の匂いの元として第一に考えられるもの。それがアンドロステノールという物質です。男の匂いの代表とされるジャコウ臭（男性用化粧品ではムスクの香りと言われたりする）の正体がこれで、テストステロンなどの男性ホルモンに構造がよく似ています。

汗や皮脂、あるいはそれらをバクテリアが分解した産物、というものも大いなる匂いの元です。

実を言えば汗も皮脂も、それ自体はほとんど臭くありません。それらは皮膚にすみついているバクテリアによって分解され、初めて臭い匂いを発するようになる。

ということは免疫力の高い、シンメトリーな男は、それらバクテリアが増えるのを抑えており、臭くない。片や免疫力が低い、シンメトリーでない男はバクテリアを増長させていて、あまりいい匂いとは言えないだろうと考えられるのです。

匂いというと、フェロモンといったいどういう関係にあるのか、と疑問に思われる方も多いでしょう。フェロモンとは、ある個体が発し、同種の他個体の生理的状態や行動に影響を与える匂い物質のこと。この定義に当てはまるものはすべてそうです。人間にもフェロモンがあることがきちんと証明されたのは、驚いたことに一九九〇年代のことで、男のフェロモンについて研究した一人は、我らがソーンヒルでした。

ソーンヒルのTシャツ実験

ソーンヒルは、シリアゲムシのメスがシンメトリーなオスを匂いで嗅ぎわけていることを実験的に証明しました。ならば人間の女も、シンメトリーな男を匂いで嗅ぎわけているのではないかと考えた。そこで行ったのがこんな実験です。

新品のTシャツを用意し、男の被験者（四二人）に渡し、それを着て一晩寝てもらう。次の晩も同じTシャツを着て寝る（その間には洗わず、ビニールの袋に入れて保管）。そうして自身の匂いがしみ込んだTシャツを提出してもらうのですが（提出したのは四一人）、問題は匂いなので彼らには厳密な条件が要求されます。酒、タバコはダメ。香料の入った石鹼で体を洗うとか、匂いの強い食べ物（ニンニク、タマネギ、ハーブ）もダメ。キャベツ、セロリ、ヨーグルトさえもダメ。恋人と添い寝するのもダメ、セックスなんて論外です。

男は一方では身体測定されていて、この場合には耳の長さと幅、肘、手首、足首、足、それぞれの幅、手の指の長さ（親指以外の四本）、計一〇項目について左右の値を測ります。

こうして提出されたTシャツを女の被験者（異性愛者で、閉経していない）、四六人が〝利きTシャツ〟する。一から一〇までの一〇段階評価をするのです（一〇が最もよい）。するとと、女は匂いで男のシンメトリー具合を嗅ぎわけられるのですが、それは〝利きTシャツ〟をした日が、月経周期のうちの排卵期にあった場合の話。他の期間にあるときには、男のシンメトリー具合を嗅ぎわけられなかったのです（詳しくは『シンメトリーな男』参照）。

こうしてわかるのは、女は排卵期という肝心な時期にはちゃんと男の質を見極められる（嗅ぎわけられる）ということ。そうでない時期に見極められない（嗅ぎわけられない）

のは、単に見極められなくても（嗅ぎわけられなくても）よいから、と考えることもできますが、ちょっとひねってこんなふうに考えてもいいかもしれません。

女は必ずしもとびきりのいい男と結婚したり、パートナーの関係を結べたりするわけではない。たいていはそこそこの男で手を打っている。そこで排卵期にはその鋭い嗅覚によって本当にいい男を選び、交わり、何も知らないダンナ（パートナー）に育てさせる……。

この研究ではさらに、ピルを使用している女も、男のシンメトリー具合を嗅ぎわけることができませんでした。実は、先ほどの、ＨＬＡの型が自分となるべく違った相手を匂いで選ぶという研究でも、ピルの使用、不使用で同様の問題がありました（この研究の方が実のところＴシャツを使った実験の元祖であり、人間にもフェロモンがあるということがわかった最初の例と言えます）。

ピルで「鼻」が鈍る？

避妊を目的に処方してもらえる一般的な低用量ピルには、黄体ホルモン物質が含まれています（黄体ホルモン物質とは、黄体ホルモンの作用を持つ物質を、その起源に関係なく総称したもの）。

女の月経周期にはいくつものホルモンが働いており、月経と月経の真ん中の時期に排卵が起きる。そのうちエストロゲン（厳密にはエストラジオール）は月経後から排卵までの期間でレヴェルが上がっていってピークを迎え、排卵後には下がるという動きをします。問題なのはプロゲステロンで、これぞ天然の黄体ホルモン。排卵期まではレヴェルが低く、排卵後にぐっと上がって、やがて下がる。ピルは、プロゲステロンの働きを利用して、あたかも妊娠しているかのように脳に認識させることで妊娠を回避するのです。ピルの服用については三週間飲んだ後に一週間偽薬を飲むか、飲むのを休止する期間があり、その期間に入って数日以内に月経が来る。でも排卵は起きていないのです。

ピルによる攪乱作用は結構深刻です。何しろ女がピルを使うとしたら、それは相手選びをする際。結婚してさあ、子を作ろうとして初めてやめるわけです。やがて本来の感覚を取り戻すものの、「あれ？　何でこんな男がここにいるんだろう？」ということにならなくもない。

もちろん需要があってピルの研究が進んできたのは事実だし、女の体調を保ったり、卵巣ガンや子宮体ガンを防ぐとも言われていますが、この驚くべき作用について女は知っておくべきだと思うのです。

避妊にまつわってこんな話もあります。交尾排卵と言って、交尾が刺激になって排卵する動物もいます。ネコがそうだし、ミンク、ラッコ、イタチ、ウサギもそう。少なくともミンクではオスがメスの首筋に咬みついて血が流れるほど咬まれて初めて排卵が起きるくらいです。

一方、人間は、排卵を自覚できないにしても月経周期のうちいつごろ排卵するかが決まっている。つまり自然排卵であるわけですが、それでも交尾排卵の名残りのような現象があることがわかっています。よしもとばななさんが以前テレビで、子を作るつもりがなく、できるはずのない時期（月経末期）に交わったのにできてしまったという話をされていました。こういうふうに月経末期にセックスして妊娠する事態が往々にして起こるのは、まず精子が排卵が起きるまで元気でいることが考えられる（受精能力を保つのは約五日間）。しかしセックスが引き金となって排卵が起きた、つまり本来よりもずっと早い時期に排卵が起きて予定外に子ができたという可能性もありえます。

一九六五年にニューヨークを中心とし、アメリカからカナダにかけて一晩中停電になった。暗闇の中で人々が退屈紛れに何らかの行為を行なったところ、その然るべき日数の後、大変な出産ラッシュとなった。それは女たちの排卵スケジュール以上に排卵したためと考えざるを得ず、異常な状況の中で女が妙に興奮して思わず排卵したか、あるいは交尾の刺激によって排卵してしまったものと思われるのです。要は、セックスをすればいつ妊娠してもおかしくないことになるのです。

ＨＬＡの型が自分の手持ちのカードと随分違うと、匂いもいいと感じられる。とすれば、長い間、手近なところで結婚を繰り返し、子孫を残してきた日本人にとって、外国人はとても魅力的な匂いを持った存在に感じられるはずです。地理的に遠ければ遠いほど、自分にない型を持っているに違いありません。

さらに匂いと言えば、顔がいいと匂いがいい傾向にあるという研究もあります。それは男にも女にも当てはまり、なぜ人は香水をつけるのかが理解される。しかも我々は、それが香水の匂いで、その人自身の匂いではないとアタマではわかっているのに、ついクラッと来てしまうのです。

ここで一言、ぜひ言っておきたいのですが、もしあなたが珍しいＨＬＡの型を持っていたら、それこそが人間として最大の宝。香水などつけて敢えて、どこかで嗅いだ覚えのある匂いにしてしまわないように。

第6章　浮気をするほど美しい——浮気と精子競争の話

不審な別行動

我々に一番近い動物と言えば、類人猿。つまり、チンパンジー、ボノボ、ゴリラ、オランウータンの大型類人猿の面々と、小型類人猿のテナガザルです。彼らの世界には浮気というものはない。

チンパンジーとボノボは既にお話ししたように乱婚的。そもそも夫婦の関係がないわけだから、浮気もありえない。ゴリラは一頭のリーダーオスが数頭のメスとその子どもたちを引き連れて、四六時中行動を共にしている。若いオスがメスにちょっかいを出そうとやって来ると、リーダーは力で追い払う。この過程を通じてゴリラのオスはあれほどまでの体格を発達させてきたと言えるわけですが、ともかくこの場合にも浮気の余地はありません。

オランウータンはちょっと変則的です。各人は深い森の木から木へと渡り歩いている。子連れのメス以外は、単独行動です。一頭の優位オスがロングコールと呼ばれる、二キロメートル四方にも届く大きな声を発し、メスたちを遠隔的にガードしている。こういうオスの頰《ほお》にはフランジと呼ばれる、メガホンの役割をなす出っ張りがあり、声を増幅させるためののど袋も発達しています。メスは発情すると、その声を頼りにオスの元へ赴き、交尾する。時々、劣位のオスがやってきてメスをレイプすることもありますが、それは浮気とは言えない。

そしてテナガザルですが、彼らは一夫一妻。しかも四六時中べったり一緒に行動するという形です。浮気の余地はほとんどない。

つまり我々に近いところ（少なくとも類人猿）では普通、夫婦の関係があったなら、一夫一妻にしろ、一夫多妻にしろ、オスはメスを完全にガードするのが当たり前であり、浮気の余地はありえません。

もっと範囲を広げて霊長類全体、さらにはほ乳類全体に目を向けてみると、彼らは類人猿のうちのいずれかと、基本的には似た社会をつくっている。

タヌキやキツネのように、イヌ科の動物の中には一夫一妻制をとるものたちがいて、テナガザルみたいに四六時中行動を共にしている。オスは子育てをよく手伝います。

アザラシやオットセイの場合には一頭のオスが、ゴリラも真っ青という数（数十頭とか、もっと）のメスたちを従えてハレムをつくる。

そしてチンパンジーのように乱婚的社会をつくっているほ乳類も数多い。で、人間はというと、一夫一妻にしろ一夫多妻にしろ、夫婦の関係がある。ところがその一方で、夫婦がしょっちゅう別行動をとるという、霊長類として、ほ乳類としてとんでもない異端の動物だと言うことができます。

かつての狩猟採集時代（男は狩りに出かけ、女はすまいの近くで木ノ実や果実などを採集する）には、もろにそうだったし、現在に至るまでずっとそうです。この別行動の間に何が起きるのか？　起きたことのうち最も問題となる行動は何か。

——浮気。

この浮気こそが人間を人間たらしめた原動力だと私は思うのです。

そもそも人間は男が女に求愛する際に、「口説く」。他のどんな動物もとりえない求愛方法を用います。もちろん初期の頃は言葉とは言えないような音声だったかもしれないが、よりうまく「口説い」た男がより多くの遺伝子のコピーを残す。そういう過程を経ることで言葉がより洗練されてきたはずです。

それが浮気の際となると、単なる求愛の場合よりも、もっと高度な口説きの能力が必要で、人間の言語能力はますます高められてきたはずです。

そして……別行動だった間の相手の動向を知るためにどうすればよいかと言えば、ひたすら情報収集をする。そのためにも人間には複雑な言語が必要になった。浮気を見抜くための感覚や推理力、はたまた相手の言い訳の矛盾を見破る能力。浮気をした側にとっては、それがバレないための用心深さや、追及されたときの言い訳や辻つまあわせ。こういう次々と互いに競い合うような過程を経ることで人間に、複雑な言語能力と高度な知的能力とが飛躍的なスピードで備わってきたはずだ、と考えるのです（詳しくは拙著『浮気人類進化論』文春文庫参照）。

浮気で得するのはオスかメスか？

動物はメスがオスを選ぶのが原則。メスは一度妊娠したなら、出産、子育てと次に子を産むまでに随分時間がかかる。メスは一生に産む子の数に限りがあるので、どうせ産むなら質のよいオスの子を産みたい、ということで慎重に相手を選ぶ。

片やオスは、一度射精しても、すぐに精子が回復し、条件さえ整えば、無限と言っていいくらいに子をつくることができる。よって数打ちゃ当たる方式でどんどんメスにアタックすべきである。

浮気の場においてもこの原則に変わりはありません。男は事あるごとに浮気を試みるが、女は滅多なことでは浮気せず、しかもこれぞと思った、少なくともダンナよりもいい男しか相手にしない。

それもたいていは排卵期で（何しろ浮気の目的はダンナよりいい男の遺伝子を取り入れることで、ただの楽しみではない）、アリバイづくりのために無意識のうちにダンナとも交わる。そしてこれまた無意識のうちに、浮気相手にはより受胎の可能性の高い日を、ダンナにはそれよりも低い日を用意している。もし女自身がそれを知っていたなら、自分がしようとしていることが、いかに恐ろしいかと気づき、とてもではないが実行できなくなってしまうようなことを、無意識のうちに行ない、可能ならしめているのです。

これらはベイカーらが一九八九年、イギリスの女性誌『カンパニー』で、三六七九人の女性（下は一三歳の女の子から上は七二歳のおばあちゃんまで）にアンケート調査した結果から明らかになりました。

さらに、次のような研究からもこの驚くべき実態が裏づけられます。

彼氏のいる女、いない女

女に、月経周期の記録とともに、どのくらい遠出したか、と一人で過ごした時間とを記録してもらう。すると、彼氏がいるかどうかで、まったく逆の現象が起きてしまう。彼氏のいる女は、排卵期にはより遠出し、一人で過ごすことが多い。片や彼氏のいない女は、非排卵期に遠出し、一人で過ごすことが多いのです。

また、彼氏のいる女は、排卵期に彼氏と過ごす時間が少ないのに対し、非排卵期にはちゃっかり彼氏と過ごしているのです。彼氏のいる女は、もし浮気して子ができても、その子を引き受けてくれる軟弱な男を一人確保しているので、排卵期に大いに男漁《あさ》りの冒険に出かけるというわけ。

彼氏のいない女は、もし行きずりの男と交わり、子ができてしまったら大変なので排卵期には大人しくしている。しかし非排卵期には大いに活動して、彼氏候補を探そうというわけです。その際、交わっても子ができにくいのでその点は安心して行動できます。

さらにこんな研究もあります。コンピューター・グラフィックスでつくった、男の平均顔と、それを微妙に段階的に男性化した顔（アゴをしっかりさせる、眉と目の間を狭くする、黒目を小さくする、頬骨を発達させる、顔を全体的に大きくし、角ばらせる）と、女性化させた顔（男性化のほぼ逆）を女に何枚か見せ、どの顔の男がいいかを選んでもらう。

すると、平均顔からより女性化した顔を好むという傾向が現れた。排卵期にも非排卵期にもそうなのです。ただし排卵期にはそれほど顔の女性化は望んでいなくて、平均顔の方へ少し戻るのです。

なぜ現実の平均顔よりも女っぽい顔しか好まないのか、というのは大変不思議で重大な問題なのですが、ともかくこの研究でさらにこんなこともわかりました。

彼氏がいる女は排卵期の「戻りの幅」が大きい。つまり、排卵期にはより男っぽい顔、テストステロンをよく分泌していそうな、男らしい顔を選ぶということです（それでもまだ平均顔よりも女性化した顔ですが）。

こうしてわかるのは、彼氏のいる女はやはり、排卵期にはちゃんとパートナーよりもいい男を狙っているということ。少々話は込み入っているかもしれませんが、これが動かぬ証拠というわけなのです。

それどころか！　こんな研究もあります。

女が、長期的パートナー（彼氏）と短期的パートナー（浮気相手）として好む男の顔を、排卵期と非排卵期について調べる。

すると……彼氏については排卵期と非排卵期に関係なく、ある一定の女性化した顔を好む。

ところが浮気相手に関しては、大きな違いが現れた。排卵期には、非排卵期よりも男性化した顔（それでもまだ平均顔よりも女性化している）を好んだのです。

第5章で、女は排卵期にはいい男をちゃんと嗅ぎわけられるということから、排卵期には彼氏やダンナよりいい男を狙っているはずだと指摘しました。こうしてみるともはや言い逃れできないところまで女は追い込まれてしまったと言えるでしょう。

この研究を行なったのは、イギリス、セント・アンドリューズ大学のD・I・ペレットらです。彼らは京大の吉川左紀子氏らと組んで研究をしていて、日英で同様の結果が出ることがわかりました。

ペレットらと吉川氏らとの研究では、日英の男女が被験者として参加しているのですが、面白いのは、自分たちが属している集団に対してより厳しく女性化を要求するということです。日本人の男、日本人の女、イギリス人の男、イギリス人の女、の四種類の顔について平均顔からそれぞれ何段階か男性化、または女性化した顔を見せて、どれが好ましいかを判断させる。すると、日本人は日本人の男女に対し、イギリス人の男女の場合よりも、より女性化した顔を求める。イギリス人の場合にはイギリス人の男女に対し、日本人の男女よりも、より女性化した顔を求める。見慣れている顔に対しては、より厳しいダメ出しができるのでしょう。

寝取られ率ナンバーワンの鳥

霊長類にも他のほ乳類にも、人間と似た婚姻形態を持つものがいないというのに、鳥は人間ととても似ています。夫婦の関係がありながら、しょっちゅう別行動をとる。もちろん浮気もする。

鳥の九割方は一夫一妻で、まず求愛してつがいになり、夫婦で協力して巣を作ったり、エサを運んでヒナを世話したりします。この巣作りとエサ運びというのが曲者で、夫婦が別行動をとるのは他ならぬこのときです。

浮気が横行するのには、彼らの交尾の仕方にも一因があります。オスには普通、ペニスがなく、交尾は互いの総排泄口を一瞬くっつける程度。交尾が手軽で簡単、すぐ済んでしまうのです。オスもメスも、さっと飛んで行って、さっさと交尾。また飛んで戻って来て知らん顔ができる。その結果、巣のヒナの中にはメスの浮気によってできた子が相当数混じっていることになります。

はたしてオスは我が子かどうかを区別できているのだろうかと、巣の様子をビデオ撮影した研究者がいたのですが、オスによるヒナへのエサやりにまったく不公平はなかった。どうやらオスはヒナの区別ができていないようです。

その一方で、肝心な時期に妻の行動が怪しかったなと認識したオスは、その怪しさ加減に応じてヒナへのエサやりを全体的に手抜きするという鳥もいて、オスもなかなかやるもんだと思わせられます。

鳥の多くはオスが色鮮やかだったり、羽に特徴があったりするのに、メスは地味な傾向があります。そこで、例のツバメの研究者、メラーは、多くの人々による研究データを集め、妻の「寝取られ率」とオスとメスとの美しさの差について研究しました。オス、メスともに一から六までの六段階評価で美しさを評価する。但し、主観が入らないよう、研究の目的を知らない人物二人にそれぞれの評価を下してもらい、値はその平均をとります。

そうすると「寝取られ率」が高いほど、オスとメスの美しさに差が現れた。既に紹介した寝取られ率ナンバーワンの、ルリオーストラリアムシクイでは寝取られ率が七八・〇%。オスの美しさの評価は五・五。対するメスは一・〇。

二位のムラサキオーストラリアムシクイでは寝取られ率が六四・八%で、オス五・五、メス一・五という評価でした。これらの鳥ではメスはもちろんのこと、オスも浮気に精を出します。ただオスの場合、浮気に成功するかどうかは本人の魅力次第です。

ともかく現在、オスとメスに美しさの差があればあるほど、次々と美のハードルを上げながら、メスがオスを厳しく選んできた過去があるということ。美しさはその証拠です。しかも選ぶのは主に浮気という過程を通じてで、オス・メス間の美しさに差があるほど、メスが浮気により精を出した証拠でもあります。一夫一妻である以上、どのメスもとびきりのオスとつがえるわけではない。そこその相手で手を打ち、浮気の場においてようやくダンナより美しいオスと交尾するわけなのです。

ただ、きれいで目だってしまうと、捕食者にやられるという危険が高まるし、美しい羽を伸ばすにはエネルギーがいる。だから美しいのはしばしば繁殖期限定で、クジャクのオスも繁殖期以外の時期にはびっくりするほどさえない姿をしています。繁殖期には命を引き換えにしてでもメスに選ばれ、遺伝子のコピーを残す。それは生物である以上、免れられない宿命です。

浮気がまったく見られない鳥もいます。アメリカカケス、アカオカケス、クロコンドルなどですが、その場合、やはりと言うべきか、オスとメスとで外見の美しさにほとんど差がありません。

さらにはオスとメスとで外見に差がないが、寝取られ率が高い鳥もいます。ミヤマシトド（寝取られ率三六・〇％）がその例ですが、この鳥は歌がうまいことで有名で、外見ではなく、歌がオスの魅力になっている。彼らの場合にはこう議論することができるでしょう。浮気をするほど歌がうまい。そう進化する、と。詳しくは拙著、『浮気で産みたい女たち』（文春文庫）を参照して下さい。

女が浮気を利用する

人間の女の場合、鳥と同じように自由に好き放題浮気をするのかというと、そうではありません。女が浮気によっていい男の遺伝子を取り入れるためには周到な準備が必要です。できた子を引き受けてくれる男もいないままに、奥さんのいる男とつきあうという女もいなくはないですが、大変不利な状況です。相手の男がよほどのいい男ならありかもしれませんが（もっともこういうのは女の側からすれば浮気になりません）。

女が普通とっている戦略はこんな具合です。まずはそこそこの男で手を打ち、結婚し、ダンナの子を産んでやる。この取り敢えずダンナの子を産んでやるというのが、最も重要なポイントです。

もし、ダンナとの間に子がない時点で浮気して子ができたとする。ダンナにバレた場合にどうなるか？

「子どもを連れて出て行きやがれ！」の一言で終わり。

では、ダンナとの間に一人子がいた状態で浮気し、子ができ、ダンナにバレた場合はどうか？

ダンナとしては女房と浮気の子を追い出すと、実の子一人（まだ小さくて手がかかる）が残される。「うーむ、オレ一人で育てられるのか？　微妙だな」

ところが、ダンナとの間に二人子がいるとなると、随分状況が変わってきます。

真実を知ったダンナが、もし女房と浮気の子を追い出すと、残されるのはちょこちょこ動き回るガキが二人……。「とてもじゃないけどオレの手には負えない！　かあちゃん、頼むから戻ってきて。浮気の子もまとめて引き受けるからさ。ねえ、お願い！」というとになるのです。この戦略は、ダンナとの間の子が三人、四人、と増えれば増えるほど効力を発揮します。ダンナとしては、浮気の子を引き受けるしか他に選択肢がなくなっていくわけだから。

ある意味でショッキングなこの事実は、一九八九年にベイカーらが『カンパニー』誌で行なったアンケート調査から導き出されたものです。あくまでイギリスでの結果で、そのまま日本の浮気事情に当てはまるかどうかはわかりませんが。

ところで、女が自分の排卵を自覚できなくなったという件について、第1章でナンシー・バーリーの仮説を紹介しました。排卵がわかると女自身がバース・コントロールを始めるという、あの説です。しかしこうしてみると、それに加え、こんな考えもありではないか、と私は思います。

女が自分の排卵を自覚できないのは、よりうまく浮気を成し遂げるためではないのか？

もし、排卵をはっきり自覚して、なおかつ浮気するとしたら、どうしてもダンナの前で挙動不審に陥ってしまう。アリバイ作りのためのダンナとのセックスなんて、なんて恐ろしいことをしようとしているのだろうか、と自分にあきれ、とてもではないが、できないかもしれない。しかし自分自身でさえまったく排卵が自覚できない状態で、まったく無意識のうちにダンナと浮気相手の両方と交わり、しかもより受胎の確率の高い日をこれまた無意識のうちに浮気相手のために用意するとしたら、ダンナにバレずに済む。

何しろ自分でもわかっていないのだから。相手を騙すにはまず自分を騙すべきというわけなのです。

日本でもこのようにもろに人間の性行動を扱った研究があるかと言えば、皆無とまでは言えないまでも低調です。イギリスでも、ベイカーたちだからこそ成し遂げられた。日本では性行動どころか、動物行動の延長として人間を語るというだけでストップがかかるのが実情です。実際、動物行動学界のある重鎮は（先頃亡くなった我が師、日高敏隆先生ではありません）、「日本で人間について研究することは許さん」と言い、その重鎮の息がかかった先生がいる研究室では人間についての研究が許されなかった。そういう時代が長く続いて、最近やっと少しはお許しが出るようになったらしい。でも、研究のおいしいところは全部、欧米人に持って行かれてしまいました。先に紹介した、指のシンメトリーな女は排卵期のエストラジオールのレヴェルが高いという研究は、何と旧共産圏のポーランドで、しかも女性研究者によってなされたものです。日本は旧共産圏でもないのに、未だにシンメトリー研究も、ましてや人間のシンメトリー研究なんて事実上できない状況にあります。

結局、かの重鎮とその一派が何を恐れているのかというと、研究が差別につながるのではないか、ということです。もちろんその点には配慮すべきなのですが、ここは生物学という学問の場。学問上の議論と一般社会の通念とは切り離して論ずるべきです。私たちはいきなりこの世に生まれてきたわけではない。ご先祖さまがいかにして個々の人間に遺伝子を繋《つな》いできたか。それを知ること、そして最新の研究方法や理論をそのために使うことには大きな意味があるし、そうすべき義務さえあると思います。

研究する過程で嫌なこと、見たくないこと、知らなきゃよかったこと、刺激の強い現実に出会うこともあるかもしれない。しかしそれらを受け入れなければ、真実の姿には到達しない。また真実にたどり着かなければ、完全解決もありえない。大切なのは、見ること、知ることです。何も知らずに、ただ差別はいけないと唱えても説得力はありません。知れば知るほど、なるほどそういうことか、と理解でき、逆に差別の感情が雲散霧消するということを私は、自分自身の経験でよく知っています。この件についてはまた後ほど論じます。

「精子戦争」勃発！

一つの卵の受精を巡って複数のオスの精子が争う。それが精子競争です。ベイカーによれば、単に競争するだけでなく、精子どうしが頭突きをしたり、化学物質を放って相手を溶かすといった争いもある。それはもはや競争という言葉では足らず、戦争であると言っています。

精子競争のなかで一番ありうるノーマルなタイプのものは、女の浮気です。パートナーと浮気相手のどちらとも、短い期間のうちに交わる。精子が女の体内で受精能力を持つのは約五日間なので、それくらいの間に（しかも排卵期に）両方と交わると精子競争が起こります。

そして女の売春も、実は精子競争が起こりうる状況です。

少々刺激の強い話ですが、この分野の議論では売春とは、まず女の側からすれば、猛烈な精子競争を勝ち抜いた、とびきり優れた精子を持つ男の子どもを得るという利点があると言える。女が売春に至る様々な事情は別として、動物として、結果として何が起こるのかと考えなければなりません。できた子が男であれば、将来父親譲りの精子競争力によってものすごい数の子（彼女にとっては孫）を残してくれるかもしれない。本人はあまり子を産まないかもしれないが、産むとすればこんな意味があるのです。

彼女自身がそんなことを意識しているかというと、もちろん想像だにしていない。でも、動物の行ないとして見るならば、何のことはない、自分の遺伝子のコピーをよく残すために行動しているにすぎないのです。それにそもそも、売春した女は稼いだお金を自分の血縁者、特に男たちに回しているとすれば、彼らの繁殖の手助けをすることで自分の遺伝子のコピーを増やすことができます。

一方、男の側から売春を見るならば、それは単なる性欲解消の手段ではない。猛烈な精子競争を勝ち抜き、自分の精子で女の卵の受精に成功する――言わば宝クジの一等に当たるようなチャンスを狙っているような行ないである。やはり繁殖活動の一環なのです。

江戸時代の遊女の最高峰である花魁《おいらん》なんて、大名か豪商クラスの男しか相手にせず、気に入らなければ何年もおあずけを食わし、私につりあう男になるまで努力しなさい、などという態度だった。こうなるともう完全に女が男選びをしているにすぎず、花魁は最終的には大名や豪商の側室やお妾さんの座に収まったりします。

今の時代は避妊法がいくつもありますが、コンドームを始めとする避妊具が登場したのは人間の歴史のうえではつい最近のこと。よってこのような議論になるわけです。

また、寄生者《パラサイト》の脅威の大きい、熱帯地方ほど売春をする女の割合が多く、社会的にも存在がきちんと認められているという印象があるのですが、それも今述べた議論を裏づけることになるでしょう。寄生者《パラサイト》の脅威の大きい地方では、女がいかに免疫力の高い男を選ぶかがより大きな課題なのです。既に説明したように、免疫力と精子競争力とは、ほぼ同義です。

夜這いとルール

実を言うと日本もかつては結構、精子競争が盛んだったのです。

アマチュアの民俗学研究家の赤松啓介さんは、あの柳田國男と同郷で、一世代後の人ですが、柳田氏とは正反対の、農村の小作階級出身。『夜這いの民俗学・夜這いの性愛論』（ちくま学芸文庫）で、農村での自身の夜這い体験と、大阪へ出て丁稚奉公をする過程で体験した夜這いについて記しています。

奉公先では店と住居が一緒で、主人一家も使用人も同じ屋根の下で暮らす。結果、上を下への夜這い合戦となるという。赤松さんはまた、兵庫県の播磨や丹波地方で行商をしながら取材もしているのですが、いきなり「これこれ、こういう調査をしておりまする」なんて切り出したら、警戒して話してくれないから、酒を酌み交わしながら四方山《よもやま》話を重ねたうえで「ところで」と聞き出していく。赤松さんの話は相当誇張されている部分もあるかもしれないけれど、少なくとも柳田國男に対しては決して語られなかった性の実態が、包み隠さず語られたことは間違いありません。

夜這いは少なくとも戦前までは農村や商家に残っていて、戦後になってもしばらくは地域によっては多少残っていたとのこと。その際、女は嫌なら嫌で鍵をかけて拒否でき、決して泣き寝入りしなければならないシステムではなかった。子ができても、養育を巡る、然るべきルールがそれぞれの社会に存在していて、昔の日本はなかなかどうして大したものだったと思います。「福祉社会」が自《おの》ずとできあがっていたわけだから。

で、明らかに自分の子じゃない、「オレに似てないいんだよな」という赤ちゃんを育てる男たちが播磨地方には戦中まではいたのだそうです。もちろんその男にしたところで、どこかで誰かが自分の子を育ててくれているかもしれず、お互いさまなのです。赤松さんは、夜這いが村落共同体などをうまくやっていくためのシステムだったとまで言っています。その際、共同体のそれぞれにある一定のルールに従うことが最も重要なことだとも言っています。

こういうふうに社会を円滑にする手段として性を利用するという点について私は、ボノボに似たものを感じてしまいます。

とはいえ地主階級だと話は違ってきて、男たちは夜這いのグループには入らず、主に女の使用人と通じあう。しかしお嬢さんだけは〝傷物〟にされてはならず、厳重にガードされていました。

なぜ夜這いなどという話を持ち出したかと言うと、これぞまさしく日本流精子競争のあり方だからです。

日本のみならず世界的に男の精子の数が減ってきているという状況があります（もっともこの主張には反論もかなり出ていて、精子数は変わっていないという研究もある。私としては結論を急いではいけないと思っているところです。少なくとも精子数が増えてきているという研究はありません)。その原因として環境汚染などの影響があげられていますが、私は次にあげるこんな現象も一役かっているのではないかと思います。

精子競争が本来起きる状況でも、避妊具を使うことで実質的な競争が行なわれなくなった。日本ではさらに夜這いが行なわれなくなり、実質的精子競争がますます減ってきた。その結果、精子競争力に優れた男がかつてほどには有利に子を残せず、彼の、精子数が多いとか、精子の質がよいという遺伝的性質も残りにくくなってきている。そういう解釈もあるのではないでしょうか。

近頃の、いわゆる「草食系男子」とは、そういう精子競争が行なわれなくなったことによる結果であり、ツケのようなものではないかと考えています(詳しくは拙著『草食男子0・95の壁』文藝春秋参照。同書には数多くのスターの指比を測定した結果を載せています)。

宗教と戒律は何のため?

精子競争が激しければ激しいほど、睾丸はよく発達する方向へと進化します。精子競争に勝利するには、基本はより多くの精子を作ることだから（質がいいことももちろん重要です）。実際、精子競争の激しさと睾丸サイズが対応していることが次のデータから読み取れます。

《三大人種とチンパンジーの睾丸サイズ》単位・グラム（左右あわせて・値はおよそ）

チンパンジー	一二〇
ニグロイド（黒人）	五〇
コーカソイド（白人）	四〇
モンゴロイド（東洋人）	二〇

（データは、『ヒューマンセクシュアリティ』〔C・R・オースティン＋R・V・ショート編、新井康允訳、東京図書〕、『幼児化するヒト』〔クライブ・ブロムホール著、塩原通緒訳、河出書房新社〕より）

チンパンジーは乱婚的で、集団内に発情したメスがいると、交尾の順番待ちの列ができるほど。よって我々人間とは比べものにならないほど大きな睾丸を持つに至っている。

三大人種はと言えば、ニグロイドが一貫して寄生者《パラサイト》の脅威の強い地方にすんできました。よって女にとっては免疫力の強い男を選ぶことが最大の課題。しかもこれまでお話ししてきたように、免疫力と精子競争力とは根本の部分でほとんど同じ問題です。そこで実際に何人もの男と交わって精子競争を起こさせて、それに勝利した者の子を産む。あるいは実際には交わらなくても精子競争力の強そうな男を様々な手がかり——それこそが男の魅力となっているものなのですが——を元に厳しく選ぶ。その魅力とは、シンメトリーな男を選ぶための手がかりとほぼ同じと考えられます。

ともかくそんなこんなで精子競争力が高くなる、つまりはより多くの精子（特により質の良い精子）をつくるために睾丸が大きくなるよう進化が起きたのです。

睾丸サイズについてはコーカソイドがそれに続き、モンゴロイドは三大人種中、最小です。不思議に思われるかもしれませんが、人類の歴史において実は、コーカソイドの方がモンゴロイドよりも暖かい地方にいた、というか寒さの直撃を受けなかった、ということが言えます（今は違いますが）。

モンゴロイドは寒さの直撃を受けた。モンゴロイドには古モンゴロイドと新モンゴロイドの二派があり、新モンゴロイドが寒さの直撃を受けた方。彼らは最後の氷河期がピークに達した、今から二万年前頃に、地球上で最も寒さが厳しかった地域と考えられるシベリアにいて寒さに対する適応を遂げたのです。同じ頃、古モンゴロイドの方は今の東南アジアのあたりにいたと考えられ、こちらは寒さの影響を受けていない。しかしその後、両モンゴロイドは混血することになり、モンゴロイド全体の中に新モンゴロイドの受けた淘汰が色濃く残ることになったわけです。

こうして寄生者《パラサイト》の脅威にいかにさらされてきたかという観点で考えると、意外にも、コーカソイドの方がモンゴロイドよりも激しく、それが睾丸サイズに反映されている次第なのです。

これまでのお話をざっと振り返ってみるならば、浮気にしても、売春にしても、動物の一種としての人間にとっては何ら特別な行ないではない。れっきとした繁殖戦略だということがわかります。であるにも拘《かかわ》らず、たいていの社会に、あるいは宗教や戒律には特に「浮気はいけない」という項目が、必ずといっていいほどに存在したり、少なくともよいこととはされていない。これはいったいどうしたことなのか？

人間は高等だからそういう文化があるのさ、などとお考えの方もあるかもしれません。でも、それはまったく意味をなさない。動物に高等も下等もない。あるのは自分の遺伝子のコピーをいかに次代に残すかという論理のみです。そのやり方が違うとか、独特であるとか、多少手が込んでいるという要素ならある。しかし自分の遺伝子のコピーを残すという本質については、人間においても何ら揺らぐことはないのです。

「浮気はいけない」が意味するものとはいったい何か。

か弱い女を浮気性の男から守るための手段？

いやいや、社会や家庭にいらぬ波風を立てず、秩序ある人間社会を築くために、ぜひともあらねばならないルール？

それは、他でもない、浮気で成功する望みのない者たち（もちろん男）に都合のよいよう作られた論理ではないのか。これまで見てきたように、男は浮気の願望や意欲は皆それぞれにあるものの、実際に成功するのはほんの一握りのいい男だけ。よって男においては浮気に成功しない者が圧倒的なまでの多数派であり、「浮気はいけない」はそれら多数派の男たちからの支持を得る。宗教として戒律として、社会のルールとして成り立つのです。あくまで表向きの話としてだけれど。

また、宗教や戒律の上で戒めとして存在する項目と、戒めの厳しさ加減ですが、それらはその民族なり、集団における実態とは反比例とでも言うべき関係にあるはずです。浮気があまり盛んでない民族なり、集団だったとしたら、戒めの方でもそんなに「いけないぞ、いけないぞ」と言う必要がない。盛んな場合こそ、しきりに「いけない」と言わなければならないのです。キリスト教で、「汝、姦淫することなかれ」とわざわざ言っていることにはそういう背景があるのでしょう。またキリスト教では獣姦（家畜などの動物を相手にした性行為）はいけないという項目が、これまたわざわざあるけれど、それは本当に実行してしまう男が結構いるからかもしれません。

第7章

日本人はあえて「幼い」——ネオテニーの話

二つのFと幼さ

ネオテニー（幼形成熟。子どもの性質を残したまま性的に成熟し、大人になること）については、それだけで一冊の本が書けるくらいの大テーマです。

人間は類人猿と比べると、毛も少ないし、シワも少ない。チンパンジーも生まれてすぐは、我々のイメージする赤ちゃんに似ているけれど、たった数年で深いシワが寄り、人間のおじいさん、おばあさんのような顔つきになってしまう。ところがそれに比べれば、人間はほぼ子どものままの状態を保ち続けると言える。人間と類人猿との決定的な違いは、このネオテニーにあると言っていいでしょう。

女は男より、より子どもっぽい性質を保ち続けます。体全体が丸みを帯び、皮膚がきめ細やかで、髪も柔らかくて艶《つや》がある、アゴが小さく、唇に魅力があるなど。男も人間である以上、ネオテニーが起きていますが、女ほどではありません。

なぜ人間にネオテニーが、それも女に強く起きているのか。これこそが最も肝心な点ですが、私が考えるに、そこには婚姻を巡る問題が大きく関わっている。

人間では男と女が一応、夫婦の関係を結び、男も子育てにある程度協力する。すると、男が女とつがおうとする場合、彼女がこの先何人くらい子を産めそうか、どれくらい若いのかというのが最大の関心事です。

その際、本当に若い女はもちろんのこと、実際の年齢よりも若く見えるという遺伝的性質を持った女も男によってよく選ばれる。こういう過程を経ることで、人間の女にはネオテニーという性質が備わるようになってきたのではないでしょうか。また、この遺伝的性質はもちろん男も持っていて（何しろ男には母親がいて、その遺伝的性質を受け継いでいる）、人間の男も女ほどではないにしろ、ネオテニーっぽくなるわけです。

この、「これからどれくらい子が産めそうか」という尺度はフィカンディティ（Fecundity）と呼ばれます。

その一方で人間には、人間ならではの特徴として浮気という局面がある。浮気の場合には男は女の何を重視するのか？

男はその女と生涯を伴にするわけではないので、とにかく今現在の状態を重視する。つまり今、どれくらいよく受胎しそうかが問題となります。この、「今、よく受胎しそうかどうか」の尺度はファーティリティ（Fertility）と呼ばれます。

そしてここでポイントになるのは、女が一番受胎しやすいのは二〇代前半であること。しかし繁殖できるのはもっと前から（一〇代後半とか）であるということ。つまり、婚姻の際に重要なフィカンディティのマックスの年齢（一〇代後半）と、浮気の際に重要なファーティリティのマックスの年齢（二〇代前半）とには数歳のズレがあるのです。そうすると、その民族なり集団で、浮気がどれほど横行しているかが問題となってくる。より横行していたら、女を評価する際に、よりファーティリティを重視し、あまり横行していないのなら、よりフィカンディティを重視することになるでしょう。その影響が女の魅力とされるものにも及ぶはずです。

睾丸の大きさが精子競争のほどを反映しているわけですが、浮気が横行し、精子競争が激しいと予想されるコーカソイドでは、男は女のファーティリティをより重要視するはずで、女には大人の魅力が要求される。実際にもそうなっています。

睾丸が小さく、精子競争があまり起きていないと予想されるモンゴロイドでは、男は女のフィカンディティを重視し、女は幼く、処女っぽいことが魅力とされる。実際にもそうです（とはいえかつて日本の芸能界を席捲した女性アイドルは今や昔。日本でも大人っぽい女が好まれるように男の好みが変化してきているようでもありますが）。

最も睾丸が大きく、精子競争も熾烈《しれつ》を極めると予想されるニグロイドについてどうかと言えば、コーカソイド以上に女のファーティリティが重要となるはずで、実際、三大人種中、女が最も子どもっぽくありません。どの人種においても女の幼さ、大人っぽさの影響が男にも現れます。

人間は男と女が一応つがいとなることから、この先、女がよく子を産むことが重要視されるという点で全体的にネオテニーが起きている。でも人種、民族ごとの事情の違いにより、より強くネオテニーが起きる場合と、そうでもない場合とがあるのです。

縄文人と渡来人の事情

日本人はと言うと、実は、二重構造になっています。日本列島にまずやってきたのは縄文人。古モンゴロイドの一派で、最後の氷河期が終わった、今から約一万年前、東南アジア方面などからやってきた。

紀元前三世紀から紀元後七世紀にかけては、今度は朝鮮半島経由で渡来人《とらい》がやってきた。彼らは新モンゴロイドの一派で、最後の氷河期がピークに達した約二万年前、シベリアにいて寒さの直撃を受け、寒さに対する適応を遂げた人々です。

金属による武器を持たない縄文人は、渡来人によって僻地へと追いやられ（もっとも混血することもあったが）、現在でも縄文色の強い地域、渡来色の強い地域があります。

前者は、南西諸島、九州、四国の太平洋側、山陰、北陸、紀伊半島の沿岸地域、東北など（北海道は明治以降に全国から移住者がやってきた。明治以前から北海道にいたアイヌの人々は縄文人の直系の子孫と考えられる）。後者は近畿と関東の一部などです。

で、ここで「あっ」とお気づきの方もいるかもしれません。縄文人は古モンゴロイドの一派で、かつて寄生者《パラサイト》の脅威の強い、温暖な地方にいた。片や渡来人は新モンゴロイドの一派で、かつてさほど寄生者《パラサイト》の脅威のない寒冷な地方にいた。ということは……縄文人の社会の方が精子競争が激しく、男の睾丸のサイズも大きくなるよう進化したのではないか？　精子の数が多く、質もいいのではあるまいか？

日本でも、縄文人の血が色濃く残っている地方ではまだ過去の遺産が機能していて、男の睾丸は大きく、男は顔もスタイルもよくて声もいい。音楽やスポーツの才能に秀でているなど、とにかくカッコよくて魅力があるはずです（女にも影響が及び、美人だったり、スポーツや芸能の能力が高いはず）。この件については私の日常の観察でも大いに実感していて、特に九州や南西諸島の出身の人々の芸能界での活躍に目を見張っているのですが、客観的なデータがないかなと思っていたら、こんな研究がありました。

九州男は精子の数が多い。

帝京大学の押尾茂氏（現・奥羽大学）らは一九九八年から数年間、東京地区（神奈川、千葉、埼玉も含む）、九州地区（福岡、熊本、鹿児島）、四国の松山地区の三ヵ所で、精子についての調査を行いました。東京一五五人（東京は古くからの居住者に加え、全国から人が集まってきている）、九州八一人（九州はほぼ古くからの居住者と考えられる）、松山三四人（松山も九州と事情は同じと考えられる）のデータで、サンプルはマスターベーションによって集められます。

すると、平均の精子濃度（一ミリリットル当たり）は、東京で六八六〇万個、九州で一億二九二〇万個、松山で八六一〇万個だった。九州男は東京男の約二倍もの数の精子を放っている！　精液の量自体は地域差はないと思われ、やはり理論から予想される通りなのです。ちなみに一回の射精で放出される精液の量は二・五〜三ミリリットルです。

しかし、そうしてみると不思議なのは韓国で、韓国人は歴史的に見て、正統派新モンゴロイド。それなのに、一九八二年に『ジャーナル・オブ・コリアン・メディカル・アソシエーション』という雑誌に発表された、D・H・キムらの論文によると、韓国の男の睾丸はコーカソイド並みであるという……。

とはいえ、韓国の人々のやたら強気の熱い性格や、スポーツの世界での攻撃性の凄さ、タフさ、を目の当たりにすると、本当かもしれないと思えてきます（数年前のニュースでは銀行強盗をゴミ箱でガンガン殴りつけて撃退した女子行員を見たし、随分昔にはお坊さんたちが何らかの抗議行動を行なう際に、日本ならせいぜいプラカードを掲げてデモ行進する程度なのに、流血の乱闘に発展していた）。

日本男児、ここにあり

気を取り直して日本人の男の特徴とは何かと考えてみましょう。

世界に誇れる日本の男。一つは理系の才能です。そもそも理系はモンゴロイドの得意分野ですが、モンゴロイドの中でも、ノーベル賞の自然科学部門でダントツなのが日本。物理学賞……七人、化学賞……五人、生理学・医学賞……一人という受賞歴は他のどの東洋系の国の追随も許しません。

韓国では例の、ヒトクローンＥＳ細胞の作成に成功したとされる黄禹錫《ファン・ウソク》教授の研究がノーベル賞間違いなしと思われたものの、捏造《ねつぞう》であったことが発覚。韓国にはノーベル賞の自然科学部門の受賞者は一人もいません。

中国には物理学賞受賞者が三人、台湾には化学賞受賞者が一人です（国籍ではなく、出生地を問題にした場合）。

なぜ日本の男に理系の才能が備わっているのか。一つの大きな理由は、モンゴロイド全体にも言えることなのですが、ネオテニーではないでしょうか。理系の学問においては柔軟な発想や好奇心が強いことがものを言い、そのためには大人でありながら子どもの性質を持っていることが特に重要なのです。

もう一つには、日本人のテストステロン・レヴェルの低さかもしれない（テストステロン・レヴェルの低さはモンゴロイドに共通する傾向であると考えられますが)。アメリカのドリーン・キムラらの一九九一年の研究なのですが、空間能力テストなるものを実施すると、これまでの話と矛盾するようで意外なのですが、テストステロン・レヴェルの低い男が高い得点を示す傾向にあり、テストステロン・レヴェルの高い男は低い得点を示す傾向にあったのです(『女の能力、男の能力』ドリーン・キムラ著、野島久雄ら訳、新曜社参照)。空間能力は理系の学問において欠かせない、重要な能力です。

この少々矛盾する現象を説明するには、胎児期のテストステロン・レヴェルと第二次性徴が現れた以降のテストステロン・レヴェルとを切り離して考えればいいかもしれません。理系の才能と空間認識力に優れた男たちというのは、胎児期にはテストステロン・レヴェルが高く、右脳を発達させたが(ということは指比の値は低い。実際、モンゴロイドはコーカソイドより指比が低い傾向があります)、長じてからはテストステロン・レヴェルは低い方が、空間認識力がよく発揮される、などと。生物の世界はなかなか一筋縄ではいきません。

そして日本人において最も重要な点、日本人に独特で、最大の強みと考えられるのは、古モンゴロイドの一派である縄文人と新モンゴロイドの一派である渡来人とが絶妙にミックスされていること、しかも地域ごとにもブレンド具合がそれぞれ微妙に違うということです。

両者は氷河期にまったく逆の淘汰を受けただけではなく、前者は狩猟採集民系、後者は農耕民系という特徴を持っている。このミックスの過程で驚くほど多様な人間が輩出され、優れた理系の才能を持った男も現れるという次第です。

もっともその大前提として理系の才能自体に関わる遺伝的素質が日本人により広く備わっていることはもちろんだし、そうした遺伝的素質を大切にする文化、学問を尊ぶ文化があることが何より大切です。

一方で大変な問題点は、日本人が心のもろさを抱えているということです。我々は痛いほど知っています。それは、巷間《こうかん》で言われるように、島国という安穏とした環境に暮らしてきたから。殺すか殺されるかの局面にはほとんど遭遇せずに済み、命がけの勝負に出て勝利する、相手を騙してでも自分の命を守ったり、利益を得る、目的のためには手段を選ばない、相手を完膚なきまでに打ちのめす、などといった必要がなく、それらの行為を通してかかる淘汰が我々にはかからなかったからでしょう。

実際、日本人はスポーツ試合（特に国際的な）で、せっかくリードしているというのに、最後の最後に相手や相手チームに勝ちを譲ってしまうようなところがある。ミスしないはずのところでミスしたり、勝っては相手に悪いとさえ無意識のうちに思っているかのようでもある。

そこへ行くと、二〇〇九年WBCの決勝戦は不思議だった。九回裏に韓国に追いつかれたとき、「ああ、またこのパターンか。血の滲《にじ》むような努力を積んだ挙句に肝心なところでは勝ちを譲るんだ」と思ってしまった。でも、あれは奇跡と考えた方がいいのでは？　あるいは選手たちの日頃の努力が心のもろさを凌ぐほどであったのか？

ともかく、それら「弱気」の部分は単に、大陸の民のような淘汰がかからなかったからだけに留まらないかもしれません。むしろ我々にはぜひ必要な性質だったのではないのか？

農耕の民であり、海に囲まれているため、他の民族（特に遊牧民）からの侵略を受けることのほとんどなかった我々にとって、他人とのつきあいは自分の代だけではなく、子々孫々と続いていく。実際の戦いだけではなく、何らかの争いで相手を完膚なきまでに叩いたり、目の前の戦いに勝つために汚い手を使ったり、騙したりすることは、長い目で見ればむしろ損になるのです。人間は過去の出来事を詳しく口で伝える能力を持っているのだから。他人の気持ちがわかりすぎるほどわかってしまい、自分より相手の心を優先するという日本人ならではの性質も、同じような過程を経て備わってきたのでしょう。

我々日本人は確かに異常であり、異常な淘汰を受けてきた。しかしその過程で得た「異常」は「特殊」、「特殊」は「稀」と置き換えることもできる。稀なこと、他とは違うことがどれほど大切な性質であるかは、免疫の型が稀であることが生死にも関わる、と学んだ我々には理解しやすいはずです。

しかもその何千年にもわたった異常な淘汰は、他の民族がどう逆立ちしたって追いつくことができないもの。ならば我々は、国際試合でみすみす勝ちを逃そうが、日本人は心が弱い、すぐ緊張して失敗する、などと小バカにされようが、異常なままでい続ければよいのです！

他人種、他民族への複雑な感情

我々は動物である以上、いや、人間である以上でしょうか？　どうしても自分が属さない集団や民族、人種に対して複雑な感情を抱いてしまいます。それはたぶん人間が自らを守るための心理として進化させたものであり、やむを得ないと言えばそれまでです。ただ今や我々は、動物行動学や進化論の観点から人間を冷静に分析することができる。なぜ我々はこうなっていて、彼らはそうなっているのかを知ることができます。

たとえばニグロイドの人々の皮膚が黒いのは、まず第一に紫外線対策です。メラニンによって、人体に有害な紫外線をカットする。紫外線は遺伝子に突然変異を引き起こし、皮膚ガンの原因を作ります。ニグロイドの人々は長年にわたり赤道に近い、紫外線の強い地域にすんでいるので、皮膚の色が黒いのは当然の適応です。

メラニンには実はもう一つ、重要な働きがあります。

バクテリアや菌類（カビ）の増殖を防ぐための壁を築く。

実際、ニグロイド以外でも、乳首や生殖器、肛門の粘膜のような、バクテリアなどが侵入してきそうな箇所にはメラニンが特に多く存在しています。女は赤ちゃんに授乳している時期には乳首の色が濃くなりますが、それは赤ちゃんに咬まれたり、擦《す》り傷を負わされたりする可能性があるからなのです。ニグロイドでは紫外線と寄生者《パラサイト》という二つの理由からメラニンが、体全体に密に分布するに至ったということでしょう。

この件についてチャールズ・ダーウィンは『人間の由来と性淘汰』（一八七一年）の中で、

「ニグロやそのほかの色の黒い人種が黒い体色を獲得したのは、色のより黒い個体が、連綿と続く何世代にもわたって、彼らの故郷における病毒の恐ろしい影響から免れたためかもしれない」

と、それこそ恐ろしいまでに的確に指摘しています（訳は、世界の名著　39　ダーウィン『人類の起原』、池田次郎、伊谷純一郎訳、今西錦司責任編集、中央公論社より）。

ニグロイドは寄生者《パラサイト》の脅威に最もさらされ、精子競争についても熾烈を極める。よって生殖器を発達させ、男女の関係が最も込み入っていて、男は女に子を産ませても、子育てを手伝わなかったり、働かなかったり、責任を放棄して逃げたりもします。誰かが

「アフリカは女が農業をやっている大陸だ」と言っていました。

でも女の側から見れば、夫である男が、いくら真面目に働こうが、子の面倒をよくみてくれたとしても、彼の精子の質があまりよくないとすれば、その影響は子の免疫力の低さとして現れる。精子の質のよさと、その男の免疫力の高さとはほぼ同義で、それはその男の子どもの免疫力のほどとなって反映されるからです。そうすると、感染症などで一巻の終わりになるかもしれない。それでは真面目な性質は一向に報われないのです。女は男に対し、優れた精子こそを求めるが、優しさや真面目さはそれほど必要ないというわけです。

既に説明したように、免疫力と精子競争力、生殖能力、男としての魅力といったものはセットになっている。よってニグロイドはそれらの過程を通じ、本来は男の魅力となる、スポーツや音楽の並外れた能力を遺伝的に高めてきたことはもちろんです。

モンゴロイドはどうか。日本人を始めとするモンゴロイドは、特にコーカソイドから、「大人になってもマンガを読んでいる」「いい大人の女がキャラクターグッズを集めている」「大人の男が人前で泣く」などと主に幼いことを理由に批判され続けてきました。

年をとったら、年相応の行動をとるべきだという、彼ら自身の勝手な基準によって。

もっとも近年は日本発の「カワイイ」ものが理解され始め、「カワイイ」は「サムライ」と同様、国際語として通用するほどになった。オタクの聖地、秋葉原は外国人観光客の人気スポットとなり、若者のストリート・ファッションの街、原宿にはヨーロッパの有名デザイナーが創作のヒントを得ようとわざわざ訪れるほどです。

言うまでもないでしょう。我々にはネオテニーが特に強力に起きている。男が女にフィカンディティ（これからどれくらい子を産めそうか）を何より求めてきたからなのです。

自分とは何者なのか？

J・T・マニングが行なった一連の研究の中には、まだ大人になっていない、様々な年齢のサッカー少年の指比と、彼らのコーチによる、選手としての評価とを比べるという研究があります。

イングランドのプレミアリーグのチャールトン・アスレチックFC（当時）は若手の育成に熱心で、一七歳までの十代の少年が、各年齢につき十数人程度指導を受けている。

その各年齢層において、コーチによる優秀選手のトップ六《シックス》を選んでもらう。他方では指比を測り、指比のトップ六を決める（もちろん指比の低い順で）。

どういう結果だったと思いますか？　二つの要素は一致するのか？

実は、年齢が若いときほど指比から予想される選手としての力量と、コーチによる評価との間にはズレがある。それが成長とともに（つまりはトレーニングを積むに従い）、縮まっていくのです。コーチの評価によるトップ六と指比のトップ六のどちらにも共通して現れる選手は、一二歳未満と一三歳未満でそれぞれ一人、一四歳未満と一五歳未満でそれぞれ二人、一六歳未満と一七歳未満でそれぞれ四人だった。

才能は練習とともに開花していくが、その開花の仕方は人により様々である。持っている潜在能力を早々と開花させてしまう子もいれば、潜在能力にはすごいものがあるのに、それをなかなか引き出せず苦労する子もいる。が、そういう子もトレーニングを積めば、本来の能力を引き出すことができる。よって若いときほど指比とコーチの評価との間にズレがあるが、やがて本来持っている能力に近づくというわけです。指は胎児期に原型ができ、その比は一生変わることがありません。

ということは、人間は（少なくとも指比からその能力のほどが予想できる分野では）、胎児期にその行き着く先がある程度は決まっていると言うこともできる……。

どう努力しようが、それは変えようがない。そう、残念ながらほとんど決まっている。指比が関わる分野に限らず、才能がものをいう分野では才能がなければ意味がない。才能をどう引き出すか、の努力をするだけです。

となれば、一人一人の人間としては、自分がどんな分野に才能があるかを探すことが最も重要な課題になるでしょう。しかし、どうやってそれを見つければよいのか？　その発見の方法が「好きこそものの上手なれ」で、自分の好きな分野には自分の才能が存在する確率が大なのです。

とはいえ「下手の横好き」という言葉もある。好きな気持ちは十分だが、実力が伴っていない。その場合にはどうすればよいか。

下手の横好きなりに、その分野に関わり続けている。するとその分野に優れた人物に出会うことになるだろう。当然、彼（彼女）に惚れ込む。そうこうするうち、彼（彼女）と自分自身か自身の血縁者との間に子が生まれることになるかもしれない。その時にこそ、その分野が好きで、本当の才能を持った人物が現れる。「好きこそものの上手なれ」状態の完成なのです。

しかし、才能もなければ、好きなことさえもない。いたって平々凡々の人間はどうすればいいのだ、とお尋ねかもしれません。

大丈夫です。あなたには「普通」という名の才能がある。繁殖戦略がある。それは最もよくできた戦略であるからこそ人間界に広く行き渡ることになった。そうして「普通」なる形容を頂戴してしまったわけなのです。

素晴らしき、「普通」に乾杯!

あとがきにかえて

この本は、動物行動学、進化論の分野をバックグラウンドにしている私の数々の著作の集大成、ベスト版とでも言えるものです。と言っても、過去の蓄積にあぐらをかくのではなく、それらの中では書き切れなかったこと、その後、この分野でなされた驚くべき研究についても紹介し、私なりの考えや、自分とは何か、日本人論まで展開しました。

私を動物行動学と著作の世界に導いて下さった、故日高敏隆先生に本書を捧げます。

二〇一〇年三月

竹内久美子

竹内久美子　1956（昭和31）年生まれ。京都大学理学部、同大学院博士課程を経て著述業に。専攻は動物行動学。著書に『ワニはいかにして愛を語り合うか』（共著）、『男と女の進化論』など多数。

Ⓢ新潮新書

358

女《おんな》は男《おとこ》の指《ゆび》を見《み》る

著　者　竹内久美子《たけうちくみこ》

2010年４月20日　発行
2025年３月５日　16刷

発行者　佐　藤　隆　信

発行所　株式会社新潮社
〒162-8711　東京都新宿区矢来町71番地
編集部(03)3266-5430　読者係(03)3266-5111
http://www.shinchosha.co.jp

印刷所　大日本印刷株式会社

製本所　加藤製本株式会社
©Kumiko Takeuchi 2010, Printed in Japan

乱丁・落丁本は、ご面倒ですが
小社読者係宛お送りください。
送料小社負担にてお取替えいたします。

ISBN978-4-10-610358-2　C0245

価格はカバーに表示してあります。

Ⓢ新潮新書

706 損する結婚 儲かる離婚　藤沢数希

結婚相手選びは株式投資と同じ。夫婦はゼロサムゲーム＝食うか食われるかの関係にある。そんな男女の「損得勘定」と、適切な結婚相手の選び方を具体的なケースをもとに解き明かす。

735 女系図でみる驚きの日本史　大塚ひかり

平家は滅亡していなかった⁉ かつて女性皇太子がいた⁉ 京の都は移民の町だった⁉——胤（たね）よりも、腹（はら）をたどるとみえてきた本当の日本史。

741 たべたいの　壇蜜

リンゴ飴はあの娘《こ》の思い出が宿る青春の味。オクラは嫉妬の対象で……魚肉ソーセージは同業者?! 男はざわつき女は頷く、才女の脳裏に渦巻く食に関する記憶、憧憬、疑惑の数々——。

756 「毒親」の正体 精神科医の診察室から　水島広子

「あなたのため」なんて大ウソ！ 不適切な育児で、子どもに害を与える「毒親」。彼らの抱える精神医学的事情とは。臨床例をもとに精神科医が示す、「厄介な親」問題の画期的解毒剤！

811 総理の女　福田和也

伊藤博文から東條英機まで、10人の総理の正妻・愛妾を総点検してみたら、指導者たちの素顔と、その資質が見えてきた——。教科書には絶対載らない、日本近現代史の真実。